百姓百味

百姓爱吃的川湘菜

熊嫂◎主编

黑龙江科学技术出版社
HEILONGJIANG SCIENCE AND TECHNOLOGY PRESS

图书在版编目（CIP）数据

百姓爱吃的川湘菜 / 熊嫂主编. -- 哈尔滨 : 黑龙江科学技术出版社, 2018.3（2024.2重印）
（百姓百味）
ISBN 978-7-5388-9504-9

Ⅰ. ①百… Ⅱ. ①熊… Ⅲ. ①川菜－菜谱②湘菜－菜谱 Ⅳ. ①TS972.182.71②TS972.182.64

中国版本图书馆CIP数据核字(2018)第014279号

百 姓 爱 吃 的 川 湘 菜

BAIXING AICHI DE CHUAN-XIANGCAI

主　　编　熊　嫂
责任编辑　马远洋
摄影摄像　深圳市金版文化发展股份有限公司
策划编辑　深圳市金版文化发展股份有限公司
出　　版　黑龙江科学技术出版社
　　　　　地址：哈尔滨市南岗区公安街70-2号　邮编：150007
　　　　　电话：（0451）53642106　传真：（0451）53642143
　　　　　网址：www.lkcbs.cn
发　　行　全国新华书店
印　　刷　三河市天润建兴印务有限公司
开　　本　685 mm×920 mm　1/16
印　　张　13
字　　数　180千字
版　　次　2018年3月第1版
印　　次　2018年3月第1次印刷　2024年2月第2次印刷
书　　号　ISBN 978-7-5388-9504-9
定　　价　68.00元

序言

中餐饮食因地域不同，而有了截然不同的口味和特色。经过几千年的演化和不断创新，形成了经典的八大菜系。川菜是对我国西南地区四川和重庆等地具有地域特色的饮食的统称，以成都、重庆、川南三个地方菜式为代表，分为麻辣、鱼香、怪味、红油、蒜泥等味型，烹调手法上擅长小炒、干烧、干煸等制法。川菜作为八大菜系之一，在我国烹饪史上占有重要地位，它以善用麻辣调味著称，并以其别具一格的烹调方法和浓郁的地方风味，融会了东南西北各方的特点，博采众家之长，善于吸收，善于创新，享誉中外。

本书主要向你介绍经典川湘菜的做法，并通过食材分类的方法来讲解川菜和湘菜所需的原料及其做法。除此之外，本书也贴心地列出了每道川湘菜制作指导，让你轻松了解如何制作川湘菜。另外，本书更配以二维码，将菜肴的制作与动态视频紧密结合，巧妙分解。相比摆在眼前就唾手可得的现成食物，自己能够亲手制作美味佳肴，难道不显得更有意义吗？

衷心希望每位看完本书的读者在厨艺上更精湛，在生活更上一层楼。

目录 Contents

Chapter 1
浅谈川湘菜

Chapter 2
地道正宗的川湘菜

* 陈皮牛肉

Contents

Chapter 3
劲辣可口的川菜

* 葱韭牛肉

Chapter 4
香辣诱人的湘菜

浅谈川湘菜

Chapter1

了解川菜

川菜文化

川菜又名蜀菜，是中国汉族八大菜系之一，富有特色，是民间最大的菜系。川菜发源于巴蜀之地，即现在的四川、重庆，其风味主要体现在重庆、成都、乐山、内江等地方菜中，以重庆菜及成都菜为代表。

川菜历史悠久，可追溯至秦汉。秦灭巴蜀，迁民入蜀，从而促进了物产的丰富与饮食业的兴旺。发展至西汉晚期，学者扬雄在《蜀都赋》记载有“调夫五味，甘甜之和，芍药之羹，江东鲐鲍，陇西牛羊”及“五肉七菜”之宴菜，可见彼时川菜已经形成一定的模式。到了东汉时期，水饺、馒头、蒸鱼、庖厨俑等的出现则预示着巴蜀之地的饮食文化开始形成自己的特色，而且烹饪水平得到了很大程度的提高。而东晋史学家常璩的“尚滋味、好辛香”，与西汉的“调夫五味”有着明显的区别，古典蜀菜与其他菜系的分野已然形成。

至隋唐、五代时期，巴蜀的饮食文化可谓欣欣向荣。由于战争导致大量移民的到来，以及经济繁荣加上历代统治者的推动，给予巴蜀饮食文化大力的支持，其繁盛景象从众多名人诗句中可见一斑，譬如李商隐的“美酒成都堪送老，当垆仍是卓文君”，张籍的“万里桥边多酒家，游人爱向谁家宿”。

至两宋时期，川菜成为全国的独立菜系，北宋的“川饭”，南宋的“川饭分茶”，川菜出川，成为招牌饮食，让川外的人也能一尝美味。因此，川菜也逐渐成为有独立地位及全国影响力的菜系。

而元代至清朝中期，由于战乱及民众被迫迁移，四川的人口大量减少，其饮食文化也衰落暗淡了不少。直到晚清后期，由于统治者的重视、政治及经济开始繁荣，饮食文化也开始发展起来。再经受数省移民的影响，以及明末自美洲输入的辣椒在四川经过大约一百年的扎根过程，形成了现代川菜的鲜明特色。

如今在国际上，川菜享有“食在中国，味在四川”的美誉。其烹调方法别具一格，地方风味浓郁，博采众长，深受欢迎。

川菜特点

用料丰富，菜式齐全

四川地区气候温和，加上江河山岳交错，因此盛产粮油，蔬菜瓜果四季常有，禽畜齐全，更兼山珍野味丰富。故而川菜菜式非常丰富，适用性强，既集合了宫廷高档菜，又有大量民间百姓菜。

搭配合理，刀工精细

川菜原料分独用、配用，讲究浓淡、荤素相搭。其味浓者独用，或者淡者配淡，浓者配浓，或浓淡结合，但均不使夺味。除主要原料的搭配外，还要搭配好辅料，使菜肴滋味调和。另外，川菜刀工讲究规格，将原料切成一致，便于菜肴调味与烹饪，使口感一致。

博采众长，烹调多样

随着历史的推进，川菜在原有的基础上，吸收南北菜肴之长，融合官、商、家宴菜品的优点，形成了北菜川烹、南菜川味的特点。其烹调方法多样，有炒、煎、干烧、炸等38种之多，擅长炒、滑、熘、爆、煸等，而小煎、小炒、干煸和干烧则有独道之处。

味型多样，长于麻辣

川菜讲究“五味调和”“以味为本”，其味型数量居各大菜系之首。川菜在口味上特别讲究色、香、味、形，兼有南北之长，以味多、广、厚著称。其基本味型为麻、辣、甜、咸、酸、苦6种，在此基础上，又可调配变为麻辣味、酸辣味、鱼香味、咸鲜味、白油味、椒盐味、家常味、怪味等多种复合味型，其中以长于麻辣著称于世。

川菜的经典口味

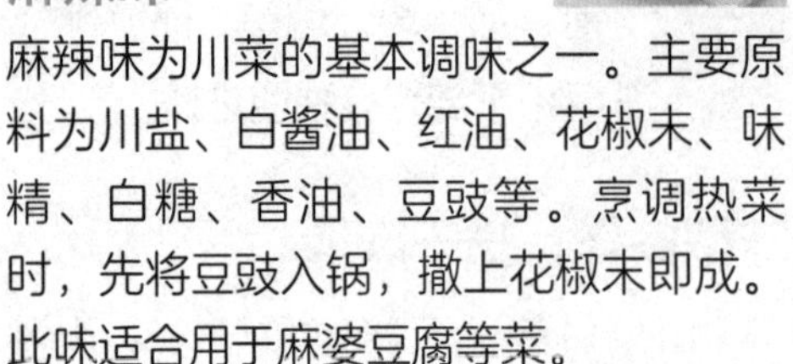

麻辣味

麻辣味为川菜的基本调味之一。主要原料为川盐、白酱油、红油、花椒末、味精、白糖、香油、豆豉等。烹调热菜时，先将豆豉入锅，撒上花椒末即成。此味适合用于麻婆豆腐等菜。

椒麻味

椒麻味以川盐、花椒、白酱油、葱花、白糖、味精、香油为原料。先将花椒研为细末，葱花剁碎，再与其他调味品调匀即成。此味重用花椒，突出椒麻味。适用于椒麻四季豆等菜。

酸辣味

酸辣味以川盐、醋、胡椒粉、味精、料酒等调制而成，以咸味为基础、酸味为主体、辣味助风味。制作冷菜时应用红油替代胡椒。适用于酸辣黄瓜条等菜。

红油味

红油味以川盐、红油、白酱油、白糖、味精、香油、红酱油为原料，将川盐、白酱油、红酱油、白糖、味精和匀，待溶化，兑入红油、香油即成。适用于红油豆腐鸡丝等菜。

煳辣味

煳辣味的调制方法：热锅下油烧热，放入干红辣椒、花椒爆香，加川盐、酱油、醋、白糖、姜、葱、蒜、味精、料酒，大火调匀即成。经典菜当属宫保鸡丁了。

椒盐味

椒盐味主要原料为花椒、食盐。制作方法：先将食盐炒熟，花椒焙熟研细末，以一成盐、二成花椒配比而成。适用于软炸和酥炸类菜肴，如椒盐银鱼等。

麻酱味

麻酱味为冷拌菜肴复合调味之一。主要原料为食盐、白酱油、白糖、芝麻酱、味精、香油等。此味主要突出芝麻酱的香味，故食盐与酱油用量要适当，味精用量宜大，以提高鲜味。适用于麻酱鸡丝海蜇等凉拌菜。

芥末味

芥末味是冷菜复合调味之一。以食盐、白酱油、芥末糊、香油、味精、醋为原料。先将其他调料拌入，兑入芥末糊，最后淋以香油即成。此味咸、鲜、酸、香、冲兼而有之，爽口解腻，颇有风味。适合调下酒菜，如芥末牛百叶等。

鱼香味

鱼香味原料为川盐、泡鱼辣椒或泡红辣椒、姜、葱、蒜、白酱油、白糖、醋、味精。食盐与原料码芡上味，使食材有一定咸味基础；白酱油和味精提鲜，泡鱼辣椒带鲜辣味，突出鱼香味；姜、葱、蒜增香、压异味。最经典的是鱼香肉丝。

蒜泥味

蒜泥味为冷拌菜肴复合调味之一。以食盐、蒜泥、红酱油、白酱油、白糖、红油、味精、香油为原料，重用蒜泥，突出辣香味，使蒜香味浓郁，鲜、咸、香、辣、甜五味调和，清爽宜人，适合春夏拌凉菜用。可用于蒜泥三丝等凉拌菜。

五香味

五香味通常有沙姜、八角、丁香、小茴香、甘草、沙头、老蔻、肉桂、草果、花椒，特点是浓香咸鲜，冷、热菜式都能广泛使用。调制方法是将上述香料加食盐、料酒、老姜、葱及水制成卤水，再用卤水来卤制菜肴，如五香卤鸡等菜。

怪味

怪味又名“异味”，以食盐、红酱油、白酱油、味精、芝麻酱、白糖、醋、香油、红油、花椒末、熟芝麻为原料。先将食盐、白糖在红酱油、白酱油内溶化，再与味精、香油、醋、花椒末、芝麻酱、红油、熟芝麻充分调匀。可用于怪味鸡等菜。

川菜菜式

家常菜

川菜中的家常菜式多来自于民间的制作，因为是家庭烹饪，因此要求选料方便、广泛，调味严谨，多数味道都属微辣鲜香型，可下酒亦可下饭。家庭所用调味料及制作方式并不注重规范，烹制方法也比较随意灵活，不拘一格。像回锅肉、家常肉丝、豆瓣鱼、白菜豆腐乳等家常菜肴，不仅味道极佳，还充满了温馨的家庭气息。

大众菜

川菜中的大众菜式则融汇了从官府商贾家厨中流传出的部分菜肴及普遍流行的大众菜品，以烹制快速、经济实惠、口味多样、味多浓厚鲜香为其主要特点。这类菜式的烹饪方式多以炒、爆、熘、煸、烧为主，口味上追求辛香，“川味”更为浓郁。大众菜中的鱼香味菜式、宫保菜式、干煸菜式、水煮菜式等，颇受大众青睐，在全国享有一定的知名度。

宴客菜

川菜中的普通宴会菜式一般就地取材、荤素搭配、汤菜并重、加工精细且朴素大方。高级宴会菜式一般较多采用山珍海味，配以时令蔬菜，要求品种丰富。其烹制过程复杂，烹饪技艺精湛，调味清鲜，色味并重，形色味俱佳。总

体说来，宴客菜式讲究以吃本味为主，制作精细，组合适当，装盘大方突出，可谓养胃又养眼。

三蒸九扣菜

川菜中的三蒸九扣菜式是农家就地取材、因地制宜的杰作，是土菜宴席中的代表。“九扣”源自川西农村摆筵席所用的大海碗——“九斗碗”，之后演变成土菜系筵席的代名词。“九扣”所用的食材，以农村常见的家禽、家畜、蛋为主，佐以时令蔬菜，采用清蒸、粉蒸和旱蒸的方法制作菜肴，所以被称为“三蒸九扣”。其菜式讲究菜重肥美、原汁原味，有清新朴实的自然质感，充满了浓郁的乡土气息。

风味小吃

川菜中有着许多著名的传统民间小吃和糕点菜肴，可谓花样百出、品种繁多。风味小吃的形成和产生都来自民间厨艺人的独到感悟，其调味料使用严谨专一，烹制方法严格规范，工艺流程独特，具有某种不可替代性。风味小吃不仅可以供于佐酒或下饭，还可作为一种零食供人消闲解馋，是一种单独的菜式。

了解湘菜

湘菜文化

湘菜，又称湖南菜，是我国的八大菜系之一。早在汉朝，湘菜就已经形成菜系，烹调技艺已有相当高的水平。

湘菜以腴滑肥润为主，制作精细，用料广泛，口味多变，品种繁多；色泽上油重色浓，讲求实惠；品味上注重酸辣、香鲜、软嫩；制法上以煨、炖、腊、蒸、炒诸法见称。

春秋战国时期，湖南主要是楚人和越人生息的地方，多民族杂居，饮食风俗各异，祭祀之风盛行，祀天神、祭地祇、享祖先、庆婚娶、办丧事、迎宾送客都要聚餐。其饮食生活中已有烧、烤、焖、煎、煮、蒸、炖、醋烹、卤、酱等十几种烹调方法，所采用的原料也都是具有楚地湖南特色的物产资源。此时湖南先民的饮食生活相当丰富多彩，烹调技艺相当成熟，已经形成了以酸、咸、甜、苦等为主的南方风味。

秦汉两代，湖南的饮食文化逐步形成了一个从用料、烹调方法到风味风格都比较完整的体系，其使用原料之丰盛、烹调方法之多样、风味之鲜美，都是比较突出的。

汉代湖南饮食生活中的烹调方法比战国时期已有进一步的发展，发展成羹、炙、煎、熬、蒸、濯、脍、脯、腊、炮、醢、苴等多种方法；烹调用的调料有盐、酱、豉、曲、糖、蜜、韭、梅、桂皮、花椒、茱萸等。由于湖南物产丰富，素有“鱼米之乡”的美称，自唐、宋以来，尤其在明、清之际，湖南饮食文化的发展更趋完善，逐步形成了全国八大菜系中一支具有鲜明特色的菜系——湘菜系。

湘菜特点

鱼米之乡，选料丰富

湘菜出于湖南，湖南气候温暖，雨量充沛，自然条件优越，素有“湖广熟，天下足”的美誉。湘西山麓众多，盛产笋、蕈以及山珍野味；湘东、南为丘陵和盆地，属南岭山脉，家牧副渔发达；湘北是著名的洞庭湖平原，素称“鱼米之乡”，盛产鱼虾、湘莲。这些丰富的物产，为湘菜提供富足而精良的食材，并为其长期的发展提供了优良的条件。

刀工精妙，形味皆佳

湘菜的基本刀法有16种之多，具体运用，演化参合，使菜肴千姿百态，变化无穷。诸如“发丝百页”细如银发，“梳子百页”形似梳齿，“熘牛里脊”片同薄纸，更有“菊花鱿鱼”“金鱼戏莲”，刀法奇异，形态逼真，巧夺天工。湘菜刀工之妙，不仅着眼于造形的美观，还处处顾及到烹调的需要，故能依味造形，形味兼备。

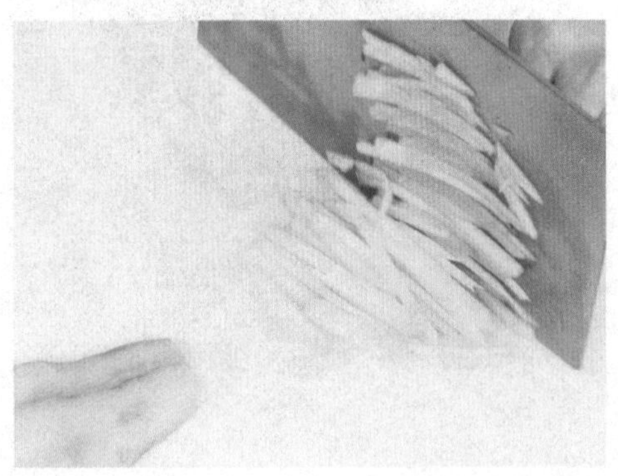

长于调味，尤重酸辣

湘菜历来重视原料互相搭配，滋味互相渗透，调味尤重酸辣。调味工艺随原料质地而异，如急火起味的“熘”，慢火浸味的“煨”，先调味后制作的“烤”，边入味边烹制的“蒸”等，味感的调摄精细入微。其调味品种类繁多，可烹制出酸、甜、咸、辣、苦等多种单纯和复合口味的菜肴，湖南还有一些特殊调料，如“浏阳豆豉”“永丰辣酱”等，质优味浓，为湘菜增色不少。湘菜调味特色是“酸辣”。“酸”是酸泡菜之酸，比醋更为醇厚柔和。辣则与地理位置有关。湖南大部分地区地势较低，气候温暖潮湿，古称“卑湿之地”。而辣椒有提热、开胃、祛湿、驱风之效，故深为湖南人民所喜爱。久而久之，便形成了地区性的、具有鲜明味感的饮食习俗。

技法精妙，“煨”胜一筹

早在西汉初期，湘菜就有羹、炙、脍、濯、熬、腊、濡、脯等多种技艺，经过长期的繁衍变化，技艺更精湛的则是煨。煨在色泽上分为“红煨”“白煨”，在调味上分为“清汤煨”“浓汤煨”“奶汤煨”等，都讲究小火慢炖，原汁原味。

湘菜组成

各地区湘菜的共同风味是辣味菜和腊味菜。以辣味强烈著称的朝天辣椒，全省各地均有产出，是制作辣味菜的主要原料。腊肉的制作历史悠久，在中国相传已有两千多年历史。湘江流域、洞庭湖区、湘西三地区的菜各具特色，但并非截然不同，而是同中存异，异中见同，相互依存，彼此交流。统观全貌，则刀工精细，形味兼美，调味多变，酸辣著称，讲究原汁，技法多样，尤重煨烤。

湘江流域

以长沙、衡阳、湘潭为中心，是湖南菜系的主要代表。它制作精细，用料广泛，口味多变，品种繁多。其特点是：油重色浓，讲求实惠，在品味上注重酸辣、香鲜、软嫩。在制法上以煨、炖、腊、蒸、炒诸法见称。煨、炖讲究微火烹调，煨则味透汁浓，炖则汤清如镜；腊味制法包括烟熏、卤制、叉烧，著名的湖南腊肉系烟熏制品，既可做冷盘，又可热炒，或用优质原汤蒸；炒则突出鲜、嫩、香、辣，市井皆知。

洞庭湖区

以烹制河鲜、家禽和家畜见长，多用炖、烧、蒸、腊的制法，其特点是芡大油厚，咸辣香软。炖菜常用火锅上桌，民间则用蒸钵置泥炉上炖煮，俗称蒸钵炉子。往往是边煮边吃边下料，滚热鲜嫩，津津有味。当地有“不愿进朝当驸马，只要蒸钵炉子咕咕嘎”的民谣，充分说明炖菜广为湖南人民喜爱。

湘西

湘西菜擅长制作山珍野味、烟熏腊肉和各种腌肉，口味侧重咸香酸辣，常以柴炭作为燃料，有浓厚的山乡风味。湘西土菜，胜在够“土”，吃湘西菜，要的就是土食材、土做法，无论果菜禽畜，还是鱼虾山货，皆自山间天然，尤其是鲜笋、野菜、萝卜最为人称道。

湘菜的调味风格

调味技术多样

湘菜调味的技术多样，从而使味变化各异，产生微妙效果。包括利用加热前的调味，加热中的调味，烹饪后的调味；利用刀工切割大小厚薄致使味渗透，覆盖一致而达到受味均匀。用汤汁调味，使无味的原料入味与汤汁融合产生鲜味；用主料、辅料、调味料三者结合产生新的和谐特殊的复合味道，用刀、火、料等综合技巧结合产生滋味隽永、回味无穷。总之，湘菜在调味的技艺中注重“有味使之出，无味使之入”，达到最佳调味效果和目的。

调味注重变化

湘菜调味料有几十种之多，在烹制过程中按照不同的菜肴要求，调味前进行适当的组合调制，讲究“相物而施”。对各种调味料的清浓、稀稠、多少、新陈，加以严格选用和区分，决不死板一律，以产生不同的味型，达到主味突出、咸鲜其中、回味无穷。即使是一个“辣”味，由于采用不同的辣品调味，如干辣椒、辣椒粉、辣椒油、鲜辣椒、指天椒、花椒散，因此类型各异，有轻微带辣，有香鲜见辣，有酸辣鲜浓，有刺激浓辣。通过不同荤素配料的巧妙组合，产生千变万化的浓郁湘味。

主配调味品合理搭配

湘菜的调味运用，主要是运用菜肴的荤素主配调味品本身进行合理的组合，对各种原料的咸、甜、酸、辣、香、鲜的单一味进行组合加工，使菜肴在口味上产生多滋多味的变化，使菜肴在色彩上产生青、红、黄、白、黑、亮，从而形成绚丽多彩的菜肴。

湘菜的特色调味品

浏阳豆豉

浏阳豆豉是以泥豆或小黑豆为原料，经过发酵精制而成，具有颗粒完整匀称、色泽浆红或黑褐、皮皱肉干、质地柔软、汁浓味鲜、营养丰富且久贮不发霉变质的特点，是湖南浏阳市汉族传统豆制品、知名的土特产。

永丰辣酱

永丰辣酱是湖南省双峰县的汉族传统特色名产，因原产于该县永丰镇而得名。永丰辣酱作为低脂肪、低糖分、无化学色素、无公害的纯天然制品，不仅口感好、食用方便，还可作各种食物的调色调味佐料。而且开胃健脾，增进食欲，除寒祛湿，防治感冒。

霉豆腐

霉豆腐是湖南当地常见的一种汉族特色豆制品，其制作方法是将新鲜豆腐放置一个星期左右至发霉，发酵好的豆腐与调料混合，过白酒再放入瓦坛子中即可。其味道非常好，含多种人体所需要的氨基酸、矿物质和B族维生素，具有开胃、去火、调味的功能。

茶陵紫皮大蒜

茶陵紫皮大蒜因皮紫肉白而得名，是湖南省株洲市茶陵县特色品种，与生姜、白芷同誉为茶陵“三宝”。民间流传着茶陵大蒜是“一蒜入锅百菜辛，一家炒蒜百家香”。茶陵大蒜具有个大瓣壮、皮紫肉白、包裹紧实、香辣浓郁、含大蒜素高等特点。

地道正宗的川湘菜

Chapter 2

地道正宗的川菜

麻婆豆腐

烹饪时间
10分钟

材料 嫩豆腐500克，牛肉末70克，蒜末、葱花各少许

调料 食用油35毫升，豆瓣酱35克，盐3克，鸡粉2克，味精、辣椒油、花椒油、蚝油、老抽、水淀粉各适量

做法

❶将豆腐切小块。

❷锅中注入1500毫升的水，烧开，加入2克盐。

❸倒入豆腐煮1分钟至入味，捞出，备用。

❹锅置大火上，注油烧热，倒入蒜末炒香。

❺倒入牛肉末翻炒约1分钟至变色。

❻加入豆瓣酱炒香，注入200毫升清水。

❼加入蚝油、老抽拌匀，加入1克盐、适量鸡粉、味精炒至入味。

❽倒入豆腐，加入适量的辣椒油、花椒油。

❾轻轻翻动，改小火煮2分钟。

❿加水淀粉勾芡，撒入葱花炒匀。

⓫盛入盘内，再撒入少许葱花即可。

豆腐入热水中焯烫一下，这样在烹饪的时候比较结实，不容易炒散。

水煮肉片

烹饪时间
15分钟

材料 瘦肉200克，生菜叶50克，灯笼泡椒20克，生姜、大蒜各15克，葱花少许

调料 盐6克，水淀粉20毫升，味精3克，食粉3克，豆瓣酱20克，陈醋15毫升，鸡粉3克，食用油、辣椒油、花椒油、花椒粉各适量

做法

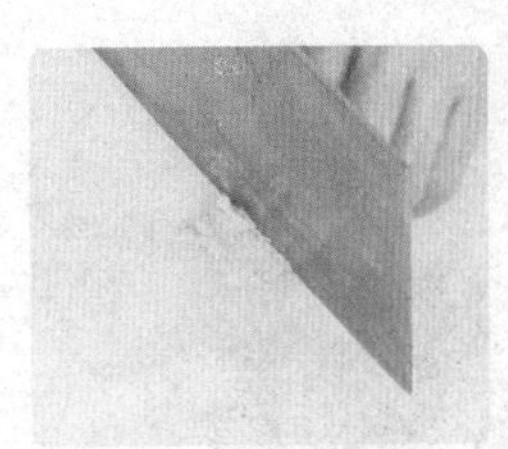

❶生姜洗净剁成末；大蒜洗净切成片；灯笼泡椒切开，剁碎。

❷洗净的瘦肉切薄片，加食粉、3克盐、1克味精拌匀。

❸加10毫升水淀粉拌匀，加少许食用油，腌渍10分钟。

❹热锅注油，烧至五成熟，倒入腌渍好的瘦肉，滑油至转色即可捞出。

❺锅底留油，倒入蒜片、生姜末、灯笼泡椒末、豆瓣酱爆香。

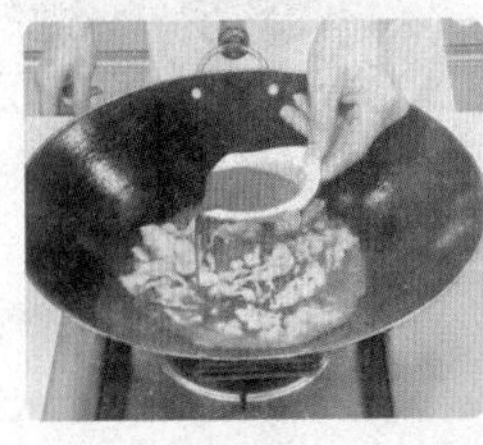

❻倒入瘦肉，加约200毫升清水，加适量辣椒油、花椒油，炒匀。

❼加3克盐、2克味精、鸡粉，炒匀，煮约1分钟入味。

❽加水淀粉勾芡，加陈醋炒匀，翻炒片刻至入味。

❾洗净的生菜叶垫于盘底，盛入瘦肉，撒上少许葱花、适量花椒粉。

❿锅中加食用油烧至七成熟，将热油浇在瘦肉上即可。

鱼香肉丝

烹饪时间
20分钟

材料 瘦肉150克
水发木耳40克
冬笋100克
胡萝卜70克
蒜末、姜片、
蒜梗各少许

调料 盐3克
水淀粉10毫升
料酒5毫升
味精3克
生抽3毫升
食粉、食用油、
陈醋、豆瓣酱
各适量

做法

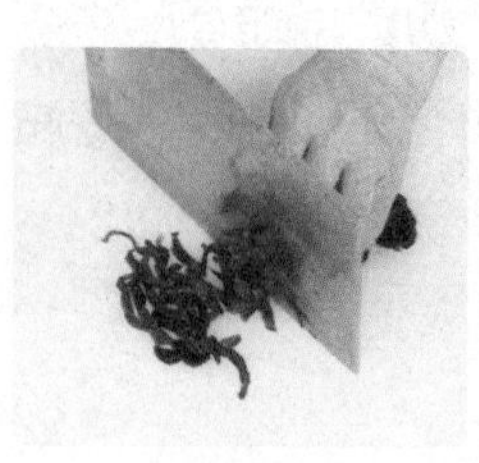

❶把洗好的木耳、胡萝卜切成丝。

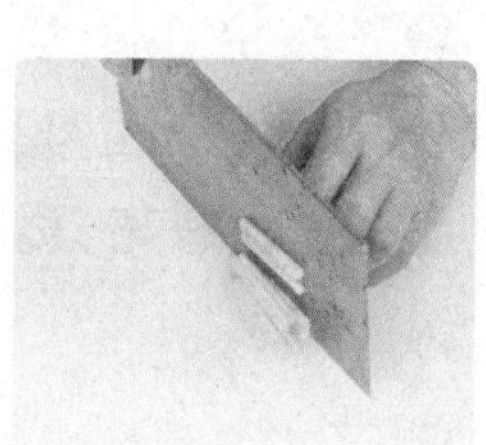

❷洗净的冬笋、瘦肉切成丝。

❸瘦肉丝加1克盐、味精、食粉拌匀。

❹加5毫升水淀粉、食用油，拌匀腌10分钟。

❺锅中注入清水烧开，加入1克盐。

❻倒入胡萝卜、冬笋、木耳拌匀，煮1分钟至熟。

❼将煮好的材料捞出，沥干备用。

❽锅注油烧至四成热，放入瘦肉丝。

❾滑油至白色即可捞出。

❿锅底留油，倒入少许蒜末、姜片、蒜梗爆香。

⓫倒入焯好的胡萝卜、冬笋、木耳，炒匀。

⓬倒入过油的瘦肉丝，加料酒，拌炒均匀。

⓭再加入1克盐、味精、生抽、适量豆瓣酱、陈醋炒匀。

⓮加入5毫升水淀粉，快速炒匀。

⓯盛出装盘即可。

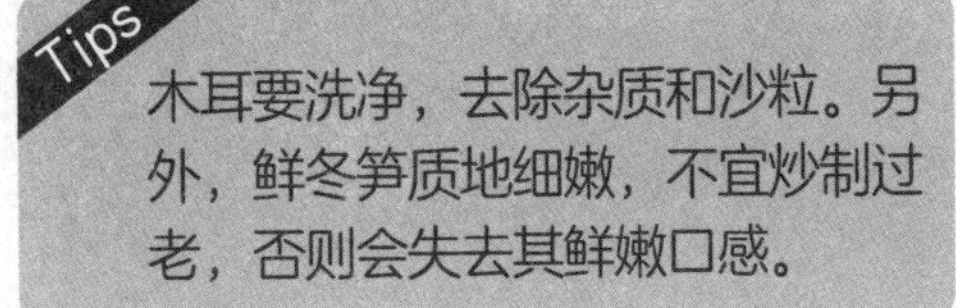

陈皮牛肉

烹饪时间
20分钟

材料 牛肉350克
陈皮20克
蒜苗段50克
红椒片25克
姜片、蒜末、葱白各少许

调料 食用油30毫升
盐3克
味精2克
食粉、生抽、生粉、蚝油、白糖、料酒、辣椒酱、水淀粉各适量

做法

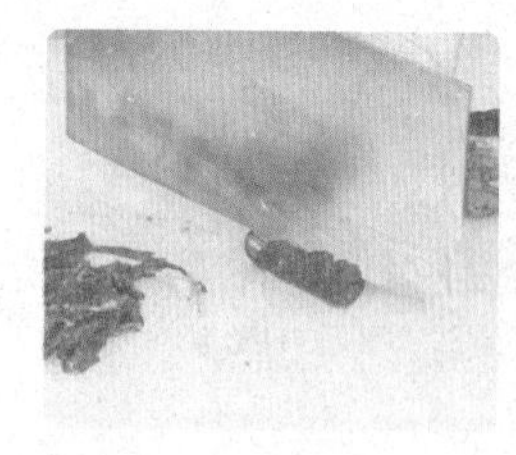

❶将洗净的牛肉切成片。

❷牛肉片加1克盐、1克味精、食粉、生抽。

❸再加入少许生粉，拌匀。

❹加入少许食用油，腌渍10分钟。

❺热锅注油，烧至五成热，放入牛肉片拌匀。

❻滑油片刻后捞出备用。

❼锅留底油，倒入少许姜片、蒜末、葱白爆香。

❽倒入陈皮、红椒片、蒜苗梗，炒出香味。

❾倒入腌渍好的牛肉片。

❿加入2克盐、蚝油、味精、白糖。

⓫再放入适量料酒、辣椒酱，翻炒约1分钟至入味。

⓬加入适量水淀粉勾芡。

⓭撒上蒜苗叶，淋入少许熟油炒匀。

⓮盛入盘内，装好盘即可食用。

口水鸡

烹饪时间 10分钟

材料 熟鸡肉500克，冰块500克，蒜末、姜末、葱花各适量

调料 盐、白糖、白醋、生抽、芝麻油、辣椒油、花椒油各适量

做法

❶取一个大碗，倒入适量清水，倒入冰块。

❷熟鸡肉放入冰水中浸泡5分钟。

❸锅中倒适量辣椒油、花椒油。

❹放入适量姜末、蒜末煸香，加适量葱花炒匀。

❺将炒好的姜末、蒜末、葱花装碗。

❻再加入盐、白糖、白醋、生抽。

❼淋入适量芝麻油、辣椒油，拌匀，制成调味料。

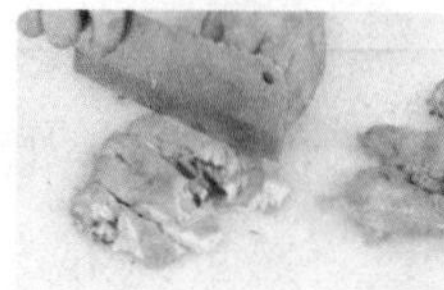

❽取出泡好的熟鸡肉，斩成块。

❾装入盘中，浇入调味料即成。

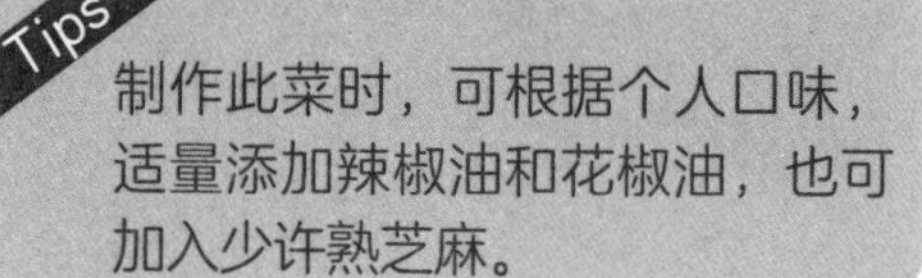

制作此菜时，可根据个人口味，适量添加辣椒油和花椒油，也可加入少许熟芝麻。

怪味鸡

烹饪时间 20分钟

材料 鸡肉300克，红椒20克，蒜末、葱花各少许

调料 盐2克，鸡粉2克，生抽5毫升，辣椒油10毫升，料酒、生粉、花椒粉、辣椒粉、食用油各适量

做法

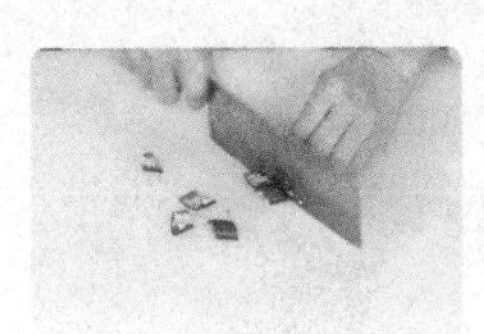

❶将洗净的红椒、鸡肉切成小块。

❷鸡肉中加生抽、1克盐、1克鸡粉拌匀。

❸淋入料酒，撒上生粉，拌匀，腌10分钟。

❹锅中注油烧热，倒入鸡肉拌匀，炸好后捞出。

❺锅底留油烧热，撒上蒜末，炒香。

❻放入红椒、鸡肉，炒匀。

❼倒入适量花椒粉、辣椒粉，少许葱花，炒匀。

❽加入1克盐、1克鸡粉、辣椒油炒匀后盛出即可。

辣子鸡丁

烹饪时间
15分钟

材料 鸡胸肉300克，干辣椒2克，蒜头、生姜块各少许

调料 盐5克，味精2克，鸡精3克，鸡粉6克，料酒3毫升，生粉、辣椒油、花椒油、食用油各适量

做法

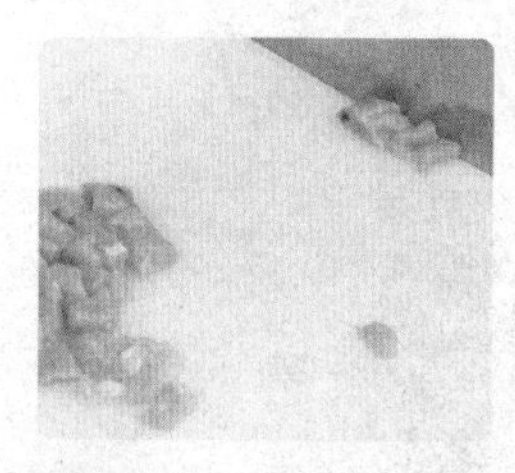

❶将洗净的鸡胸肉切成丁。

❷鸡丁装入碗中，加入2克盐、1克味精、鸡精、料酒拌匀。

❸加适量生粉拌匀，腌渍10分钟至入味。

❹热锅注油，烧至六成热，倒入鸡丁。

❺搅散，炸至金黄色捞出。

❻另起锅，注入食用油烧热，倒入生姜块、蒜头炒香。

❼倒入干辣椒，拌炒片刻。

❽倒入鸡丁炒匀。

❾加入3克盐、1克味精、鸡粉，炒匀调味。

❿再加适量辣椒油、花椒油炒匀。

⓫继续翻炒均匀，直至入味。

⓬盛出装盘即可。

水煮鱼片

烹饪时间 18分钟

材料 草鱼550克
花椒、干辣椒各1克
姜片10克
蒜片8克
葱白10克
黄豆芽30克
葱花适量

调料 盐、鸡粉各6克
水淀粉10毫升
辣椒油15毫升
豆瓣酱30克
料酒3毫升
胡椒粉2克
花椒油、花椒粉、食用油各适量

做法

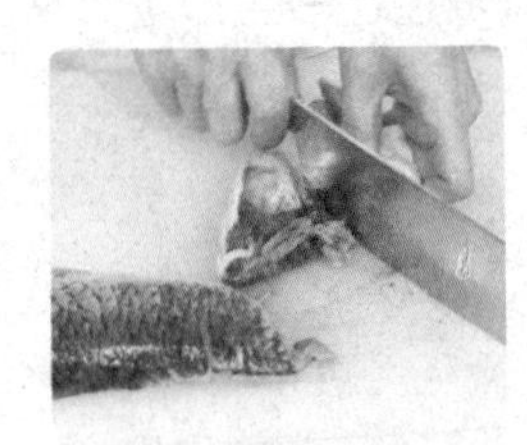

❶将处理好的草鱼切下鱼头，斩块。

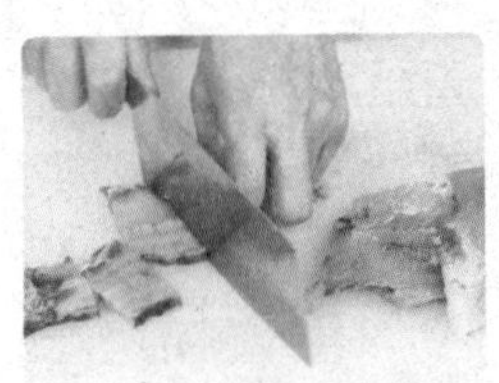

❷把鱼脊骨取下斩成块，切下腩骨斩成块。

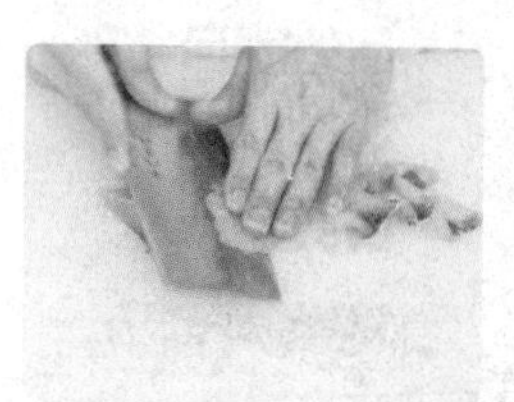

❸斜刀把鱼肉切成片，装碗。

❹鱼骨加2克盐、2克鸡粉、1克胡椒粉拌匀，腌制10分钟。

❺鱼肉加2克盐、2克鸡粉、水淀粉、1克胡椒粉、食用油拌匀，腌10分钟。

❻用油起锅，倒入姜片、蒜片、葱白爆香。

❼倒入干辣椒、花椒炒香。

❽倒入鱼骨略炒，淋入料酒，注水。

❾加辣椒油、花椒油、豆瓣酱拌匀。

❿加盖，中火煮约4分钟。

⓫揭盖，放入黄豆芽，加2克盐、2克鸡粉，拌匀。

⓬将锅中的材料捞出，装入碗中，留下汤汁。

⓭将鱼片倒入锅中，大火煮约1分钟，盛出，装碗。

⓮锅中加少许食用油，烧至六成热。

⓯鱼片撒上适量葱花、花椒粉，浇上热油即可。

煮鱼的水不宜放得过多，以刚刚没过鱼片为宜。

毛血旺

烹饪时间
20分钟

材料 鸭血450克
牛肚500克
鳝鱼100克
黄花菜、水发木耳各70克
莴笋50克
火腿、豆芽各45克
红椒末、姜片各30克
干辣椒段20克
葱段、花椒各少许
高汤适量

调料 料酒、豆瓣酱、盐、味精、白糖、辣椒油、花椒油、食用油各适量

做法

❶所有材料处理干净，牛肚切小块，鳝鱼切小段。

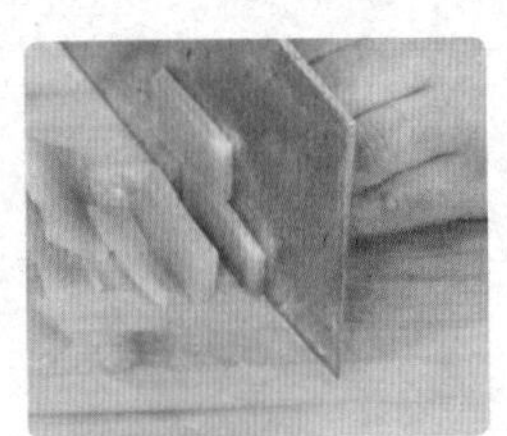

❷鸭血切块，莴笋切片，火腿切片。

❸鳝鱼倒入沸水锅中，淋入适量料酒，汆去血渍，捞出备用。

❹再分别倒入牛肚、鸭血汆煮至熟，捞出。

❺炒锅注油烧热，倒红椒末、姜片、葱白，煸炒香。

❻放入豆瓣酱炒匀，注入高汤。

❼盖上盖，焖煮约5分钟。

❽揭盖，加盐、味精、白糖、料酒。

❾倒入黄花菜、木耳、豆芽、火腿、莴笋拌匀。

❿盖上盖，煮至材料熟透。

⓫调小火，将材料捞出备用。

⓬再将牛肚、鳝鱼、鸭血放入锅中，煮至熟透。

⓭盛入同一碗中。

⓮将辣椒油、花椒油、干辣椒段、少许花椒入锅炒香，盛出，倒在碗中。

⓯撒上葱叶，浇少许热油即可。

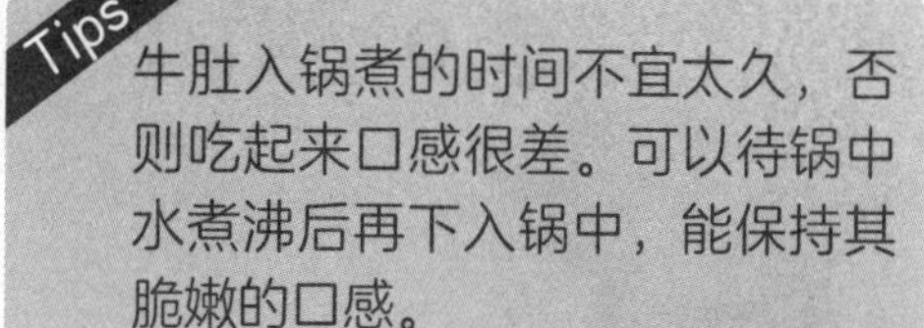

Tips

牛肚入锅煮的时间不宜太久，否则吃起来口感很差。可以待锅中水煮沸后再下入锅中，能保持其脆嫩的口感。

湘西外婆菜

烹饪时间
8分钟

材料 外婆菜300克，青椒1个，红椒1个，朝天椒、蒜末各少许

调料 盐3克，鸡粉3克，食用油适量

做法

❶将所有材料洗净，朝天椒切成圈。

❷红椒切成小块。

❸青椒切成粒。

❹起油锅，放入少许蒜末炒香。

❺放入朝天椒、青椒、红椒，炒香。

❻倒入外婆菜炒匀，放入盐、鸡粉，炒匀，装盘即可。

擂辣椒

烹饪时间 10分钟

材料 青椒300克，蒜末少许

调料 盐3克，鸡粉3克，豆瓣酱10克，生抽5毫升，食用油适量

做法

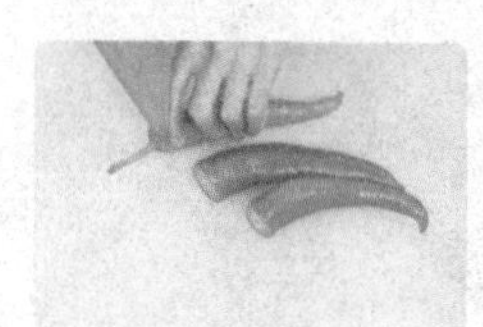

❶洗净的青椒去蒂，待用。

❷热锅注油，烧至五成热，倒入青椒。

❸搅拌片刻，炸至青椒呈虎皮状。

❹把青椒捞出，沥干油，待用。

❺把青椒倒入碗中，加入蒜末。

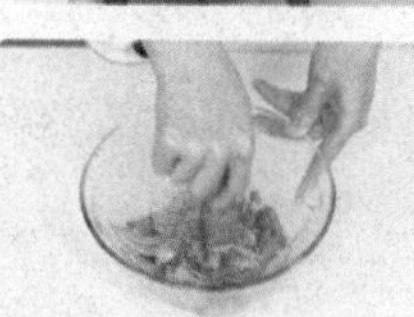

❻用木臼棒把青椒捣碎。

❼放豆瓣酱、生抽，搅拌均匀。

❽加入盐、鸡粉，搅拌片刻，至食材入味。

❾将拌好的辣椒盛出即可。

Tips

如果家中没有擂钵，则可用普通的碗代替。

农家小炒肉

烹饪时间
13分钟

材料 五花肉150克
青椒60克
红椒15克
蒜苗10克
豆豉、姜片、蒜末、葱段各少许

调料 盐3克
味精2克
豆瓣酱、老抽、水淀粉、料酒、食用油各适量

做法

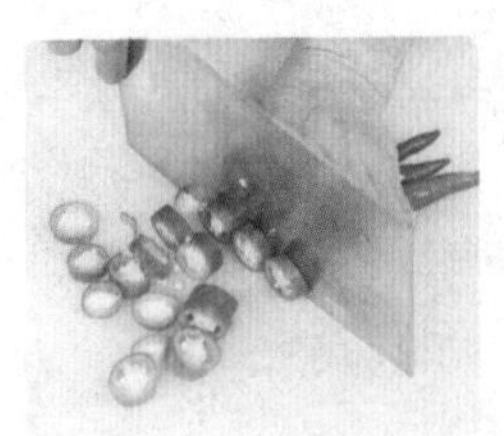

❶青椒洗净切圈。

❷红椒洗净切圈。

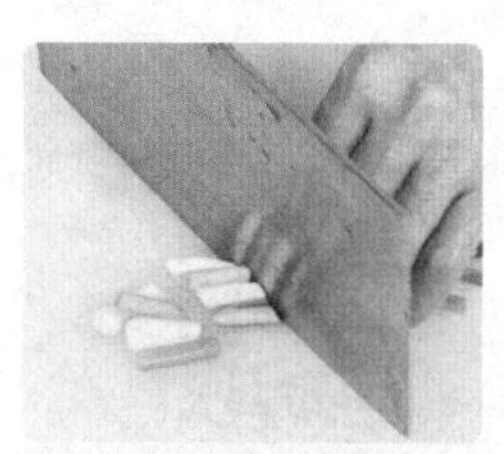

❸洗净的蒜苗切2厘米长的段。

❹洗净的五花肉切成片。

❺用油起锅，倒入五花肉，炒约1分钟至出油。

❻加入适量老抽、料酒，炒香。

❼倒入少许豆豉、姜片、蒜末、葱段，炒约1分钟。

❽加入适量豆瓣酱，翻炒匀。

❾倒入青椒、红椒、蒜苗，炒匀。

❿加入盐、味精，炒匀调味。

⓫加少许清水，煮约1分钟。

⓬加适量水淀粉。

⓭用锅铲炒匀。

⓮盛出装盘即成。

湘西蒸腊肉

烹饪时间
38分钟

材料 腊肉300克，朝天椒、花椒、香菜各少许

调料 料酒10毫升，食用油适量

做法

❶锅中注入清水烧开，放入腊肉。

❷盖上盖，用小火煮10分钟，去除腊肉中多余盐分。

❸揭盖，把腊肉捞出，沥干水分，放凉待用。

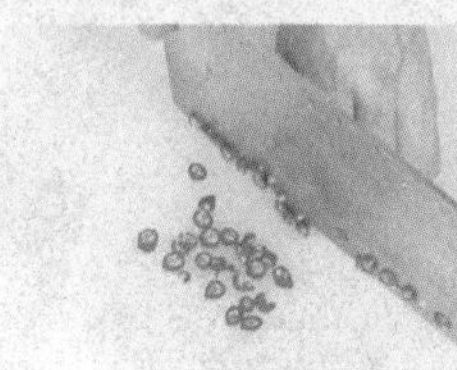

❹洗净的朝天椒切圈；洗好的香菜切末，待用。

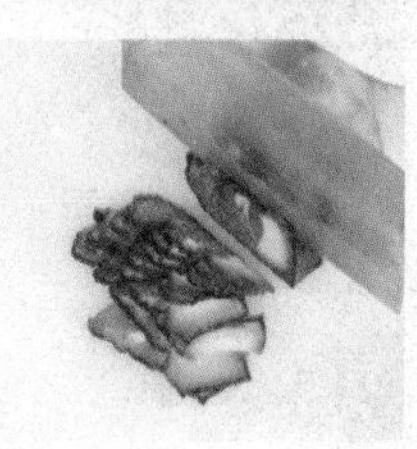

❺把腊肉切成片，装入盘中，备用。

❻用油起锅，放入花椒、朝天椒，翻炒出香味，即成香油。

❼将炒好的香油盛出，浇在腊肉上。

❽蒸锅注水，上火烧开，放入腊肉，淋上料酒。

❾盖上盖子，用小火蒸30分钟至腊肉酥软。

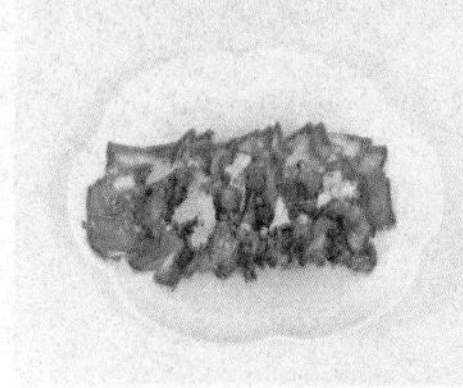

❿揭盖，把蒸好的腊肉取出，撒上香菜末即可。

冬笋腊肉

烹饪时间
17分钟

材料 冬笋300克，腊肉350克，葱段5克，蒜瓣、红椒片各10克

调料 盐2克，味精2克，水淀粉、食用油各适量

做法

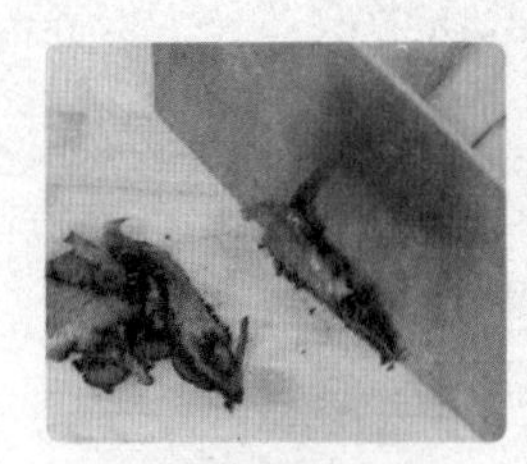

❶洗净的冬笋切片，洗净的腊肉切成薄片。

❷清水锅中加1克盐、1克味精，倒入冬笋。

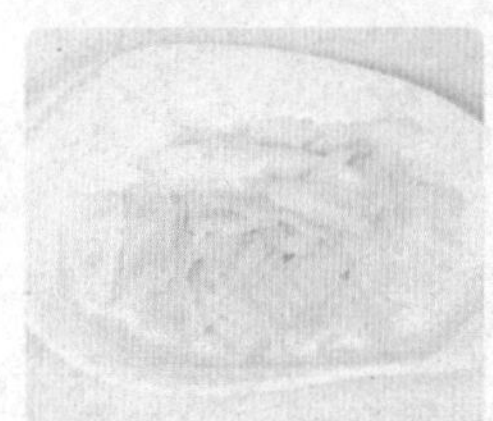

❸焯煮约1分钟，捞出冬笋，沥干水备用。

❹热锅注油，烧至三成热，倒入腊肉炒香。

❺放入葱白、蒜瓣，炒匀，倒入冬笋炒匀。

❻转大火，快速翻炒至熟。

❼调小火后加1克盐、1克味精调味，炒匀。

❽放入红椒片，用适量水淀粉勾芡。

❾翻炒均匀。

❿撒上葱叶，翻炒至熟，出锅盛入盘中即可。

东安子鸡

烹饪时间
22分钟

材料 鸡肉400克，红椒35克，花椒8克，鸡汤30毫升，姜丝30克

调料 料酒10毫升，鸡粉4克，盐4克，米醋25毫升，辣椒油3毫升，花椒油3毫升，食用油适量，辣椒粉15克

做法

❶锅中注水烧开，放入洗净的鸡肉。

❷淋入料酒，加入2克鸡粉、2克盐。

❸盖上盖，烧开后用小火煮15分钟，至其七成熟。

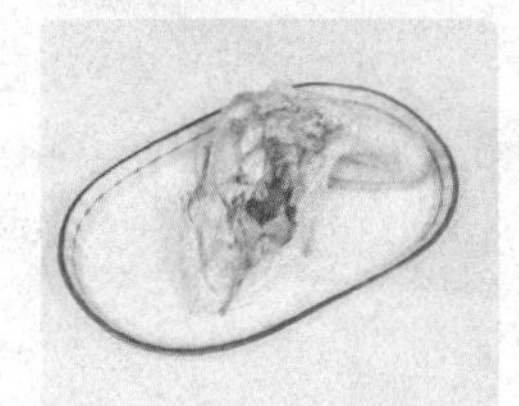

❹揭开盖，把汆煮好的鸡肉捞出，沥干水分，待用。

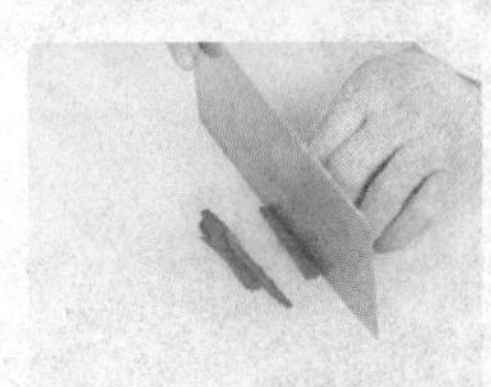

❺洗净的红椒切开，去籽，切成丝。

❻放凉的鸡肉斩成小块，备用。

❼用油起锅，倒姜丝、花椒，爆香。

❽放入辣椒粉，炒匀；倒入鸡肉块，略炒片刻。

❾加入鸡汤，淋入米醋，放入2克盐、2克鸡粉炒匀调味。

❿淋入辣椒油、花椒油，翻炒匀。

⓫放入红椒丝，翻炒至其断生后，盛出即可。

鸡肉汆煮后还需入锅翻炒，因此汆煮时不宜煮熟，否则鸡肉太老会影响口感。

剁椒鱼头

烹饪时间
18分钟

材料 鲢鱼头450克，剁椒130克，葱花、葱段、蒜末、姜末、姜片各适量

调料 盐、味精各2克，蒸鱼豉油、料酒、食用油各适量

做法

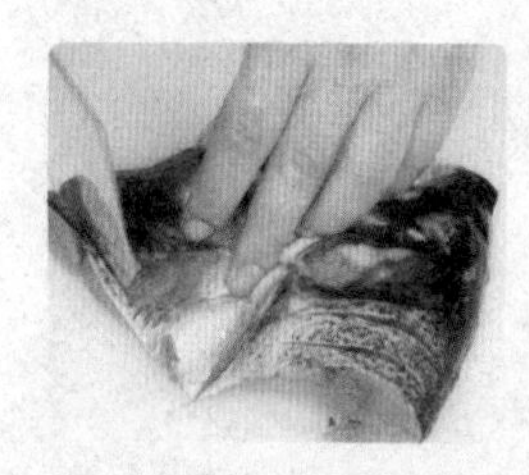

❶鲢鱼头切成相连的两半，且在鱼肉上划上一字刀。

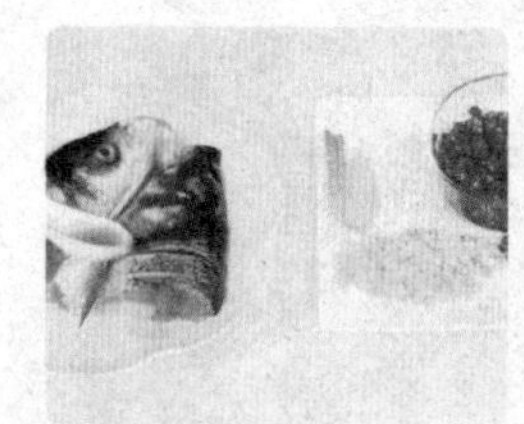

❷用适量料酒抹匀鱼头，鱼头内侧再抹上1克盐和1克味精。

❸将剁椒、姜末、蒜末装碗，加1克盐、1克味精抓匀。

❹将调好味的剁椒铺在鱼头上。

❺将鱼头翻面，铺上剁椒，放上葱段和姜片腌渍入味。

❻蒸锅注水烧开，放入鱼头。

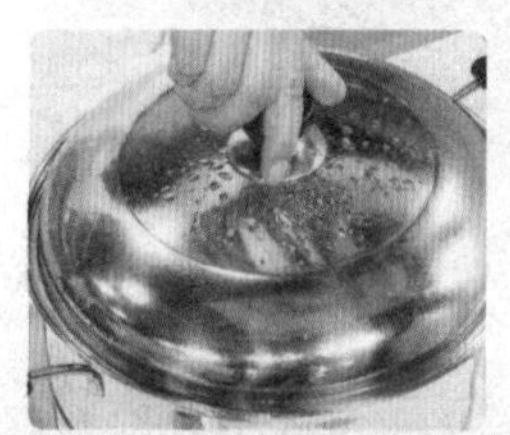

❼加盖，大火蒸约10分钟至熟透。

❽揭开盖，取出蒸熟的鱼头，挑去姜片和葱段。

❾淋上适量蒸鱼豉油，撒上葱花。

❿另起锅，倒入少许油烧热，将热油浇在鱼头上即可。

劲辣可口的川菜

Chapter 3

鱼香土豆丝

烹饪时间
8分钟

材料 土豆200克，青椒40克，红椒40克，葱段、蒜末各少许

调料 豆瓣酱15克，陈醋6毫升，白糖2克，盐、鸡粉、食用油各适量

做法

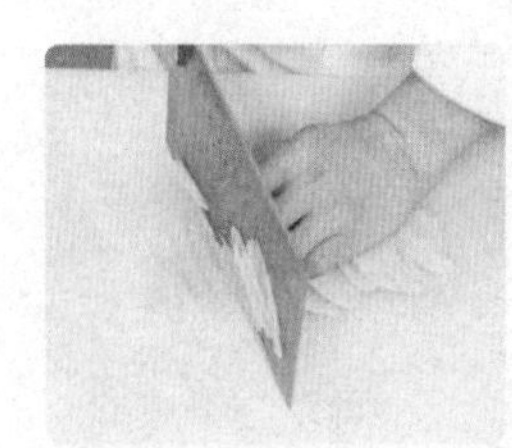

❶洗净去皮的土豆切片，再切成丝。

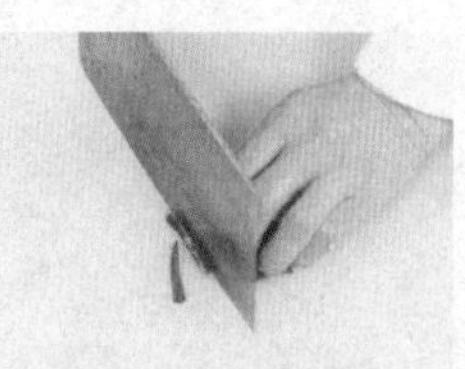

❷洗好的红椒切成段，再切开，去籽，改切成丝。

❸洗净的青椒切成段，再切开，去籽，改切成丝，备用。

❹用油起锅，放入蒜末、葱段爆香。

❺倒入土豆丝、青椒丝、红椒丝，快速翻炒均匀。

❻加入豆瓣酱，适量盐、鸡粉。

❼再放入白糖，淋入陈醋。

❽快速翻炒均匀，至食材入味。

❾关火后，盛出炒好的土豆丝，装入盘中即可。

Tips 土豆要炒熟后才能食用，以免对健康不利。

辣油藕片

烹饪时间
10分钟

材料 莲藕350克，姜片、蒜末、葱花各少许

调料 白醋7毫升，陈醋10毫升，辣椒油8毫升，盐、鸡粉、生抽、水淀粉、食用油各适量

做法

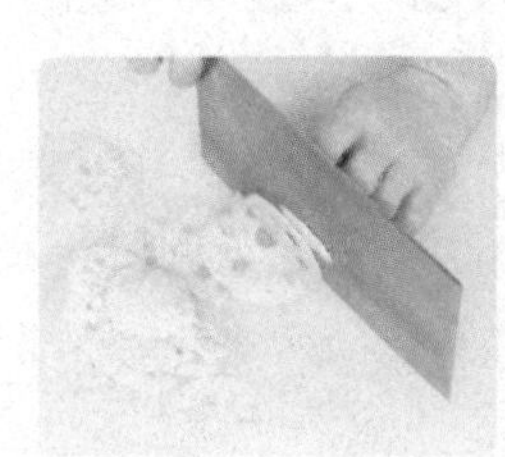

❶洗净去皮的莲藕切开，再切成片。

❷锅中注入清水烧开，淋入白醋。

❸倒入藕片，搅散，煮至其断生。

❹将藕片捞出，沥干水分备用。

❺用油起锅，倒入姜片、蒜末爆香。

❻倒入藕片，快速翻炒均匀。

❼淋入陈醋、辣椒油，再加适量盐、鸡粉、生抽，炒匀调味。

❽加入适量水淀粉，炒匀。

❾撒上少许葱花，炒出葱香味。

❿关火后将炒好的食材盛出，装入盘中即可。

萝卜干炒杭椒

烹饪时间 10分钟

材料 萝卜干200克，杭椒80克，蒜末、葱段各少许

调料 鸡粉2克，豆瓣酱15克，盐、食用油各适量

做法

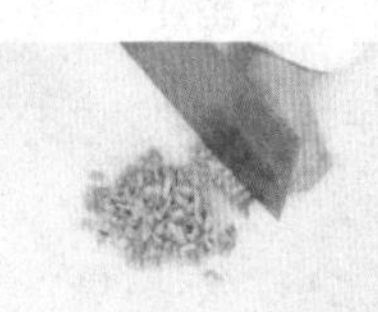

❶处理好的萝卜干切粒，备用。

❷洗好的杭椒切开，去籽，切粒，待用。

❸锅中注入清水烧开，倒入萝卜干。

❹搅拌，煮去多余的盐分后捞出。

❺用油起锅，倒入少许蒜末、葱段、杭椒，爆香。

❻放入萝卜干，快速翻炒片刻。

❼加入豆瓣酱，翻炒均匀。

❽加入鸡粉、适量盐炒匀调味。

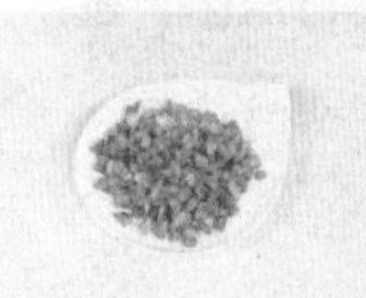

❾将炒好的食材盛出即可。

萝卜干焯水时间不要太久，以免影响口感。

川味烧萝卜

烹饪时间 18分钟

材料 白萝卜400克，红椒35克，白芝麻4克，干辣椒15克，花椒5克，蒜末、葱段各少许

调料 盐2克，鸡粉1克，豆瓣酱2克，生抽4毫升，水淀粉、食用油各适量

做法

❶白萝卜洗净去皮，切成条；红椒洗净，斜切成圈。

❷用油起锅，倒入花椒、干辣椒、少许蒜末，爆香。

❸放入白萝卜条，炒匀。

❹加入豆瓣酱、生抽、盐、鸡粉，炒至熟软。

❺注入适量清水，炒匀。

❻盖上盖，烧开后用小火煮10分钟至食材入味。

❼揭盖，放入红椒圈炒至断生。

❽用适量水淀粉勾芡，撒上少许葱段炒香。

❾关火后，盛出锅中的菜肴，撒上白芝麻即可。

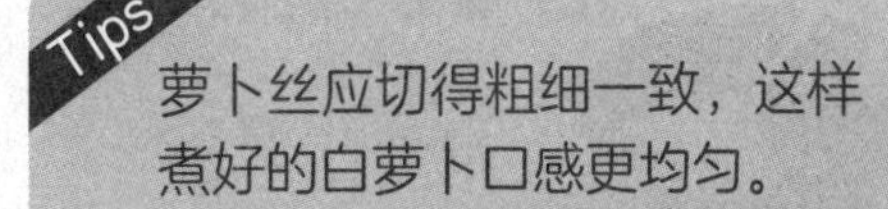

Tips

萝卜丝应切得粗细一致，这样煮好的白萝卜口感更均匀。

红油莴笋丝

烹饪时间 8分钟

材料 莴笋230克，蒜末少许

调料 盐1克，鸡粉2克，辣椒油7毫升，食用油适量

做法

❶将洗净去皮的莴笋用斜刀切薄片，改切成细丝，备用。

❷用油起锅，倒入少许蒜末，爆香。

❸放入莴笋丝，炒至断生。

❹加入盐、鸡粉，淋入辣椒油。

❺翻炒均匀至食材入味。

❻关火，盛出炒好的菜肴，装盘即可。

泡椒炒包菜

烹饪时间 8分钟

材料 包菜350克，灯笼泡椒50克，蒜蓉20克

调料 盐2克，料酒、鸡粉、芝麻油、水淀粉、食用油各适量

做法

❶包菜洗净切成小片，灯笼泡椒放入小碟。

❷炒锅注油烧热，倒入蒜蓉爆香。

❸放入包菜，用大火炒至断生。

❹转小火，加盐、鸡粉、料酒调味。

❺放入灯笼泡椒，翻炒至入味。

❻用水淀粉勾芡，淋入适量芝麻油炒匀，盛出即成。

川味酸辣黄瓜条

烹饪时间
10分钟

材料 黄瓜150克，红椒40克，泡椒15克，花椒3克，姜片、蒜末、葱段各少许

调料 白糖3克，辣椒油3毫升，盐2克，白醋4毫升，食用油适量

做法

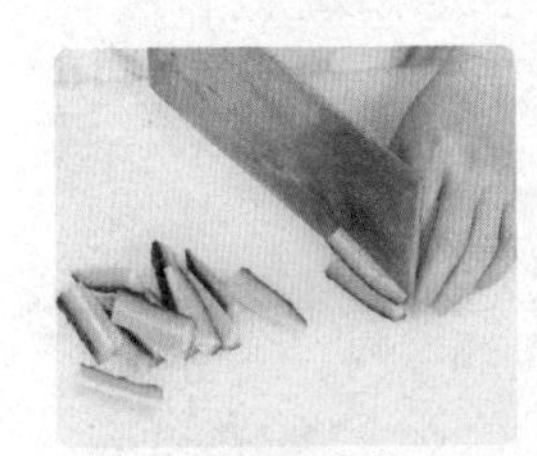

❶洗好的黄瓜切开，再切成条。

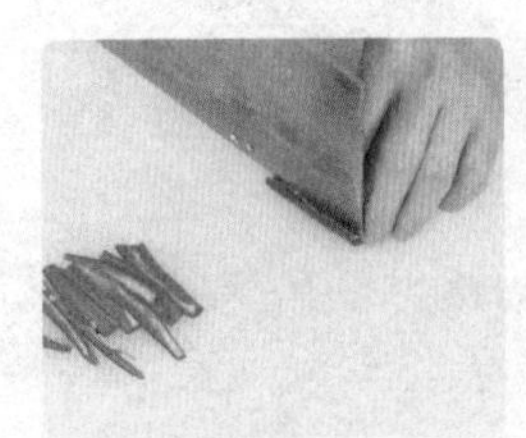

❷洗净的红椒切开，去籽，再切段，改切成丝，备用。

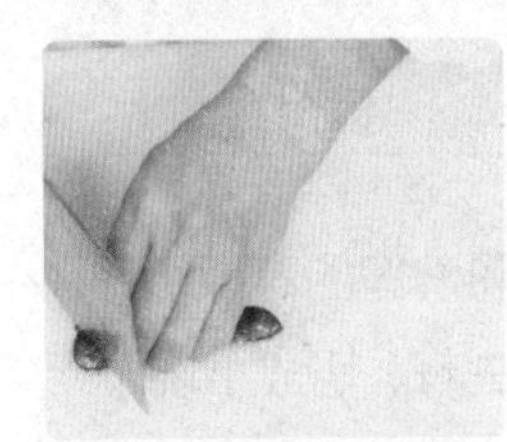

❸泡椒去蒂，切开，待用。

❹锅中注入清水烧开，加入少许食用油，倒入黄瓜条，搅匀，煮约1分钟。

❺将焯煮好的黄瓜捞出，沥干水分。

❻用油起锅，倒入少许姜片、蒜末、葱段、花椒，爆香。

❼倒入红椒丝、泡椒，快速翻炒。

❽放入黄瓜条，加入白糖、辣椒油、盐，炒匀调味。

❾淋入白醋，炒匀使其入味。

❿关火后，盛出炒好的食材，装入盘中即可。

醋溜黄瓜

烹饪时间 10分钟

材料 黄瓜200克，彩椒45克，青椒25克，蒜末少许

调料 盐2克，白糖3克，白醋4毫升，水淀粉8毫升，食用油适量

做法

❶洗净的彩椒切开，去籽，切成小块。

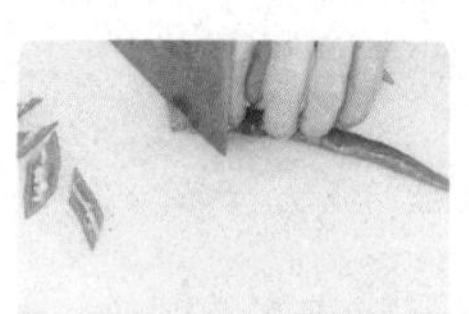

❷洗净的青椒切开，去籽，切成小块。

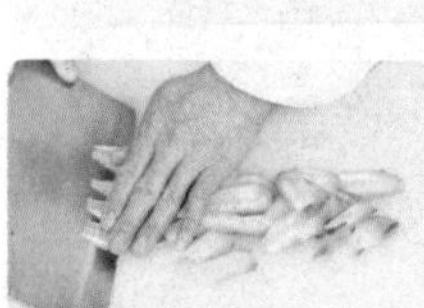

❸洗净去皮的黄瓜切开，去籽，用斜刀切成小块。

❹用油起锅，放入少许蒜末，爆香。

❺倒入切好的黄瓜、青椒、彩椒翻炒至熟软。

❻放入盐、白糖、白醋，炒匀调味。

❼淋入水淀粉，快速翻炒均匀。

❽关火后，盛出炒好的食材，装入盘中即可。

椒麻四季豆

烹饪时间 10分钟

材料 四季豆200克，红椒15克，花椒、干辣椒、葱段、蒜末各少许

调料 盐3克，鸡粉2克，生抽3毫升，料酒5毫升，豆瓣酱6克，水淀粉、食用油各适量

做法

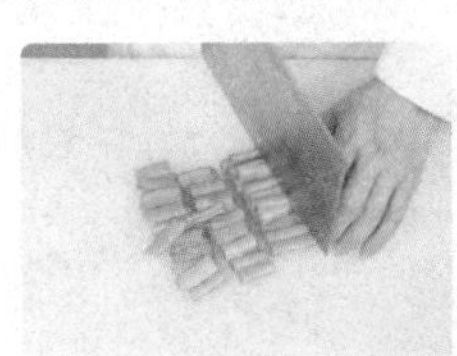

❶将所有原料洗净，四季豆切小段，红椒去籽切小块。

❷锅中注水烧开，加入2克盐、食用油。

❸倒入切好的四季豆，焯煮约3分钟，捞出。

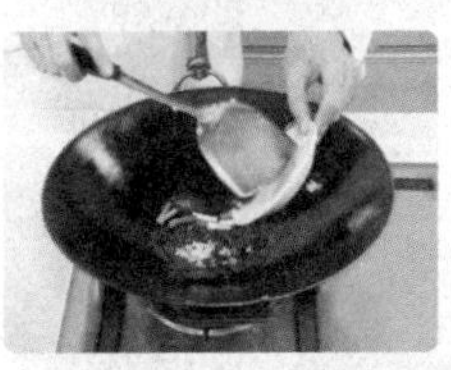

❹用油起锅，倒入花椒、干辣椒、葱段、蒜末爆香。

❺放入红椒、四季豆，炒匀，加1克盐、料酒、鸡粉、生抽、豆瓣酱炒匀。

❻倒入适量水淀粉，翻炒均匀，至食材入味后盛出即可。

肉末芽菜煸豆角

烹饪时间
12分钟

材料 肉末300克
豆角150克
芽菜120克
红椒20克
蒜末少许

调料 盐2克
鸡粉2克
豆瓣酱10克
生抽、食用油各适量

做法

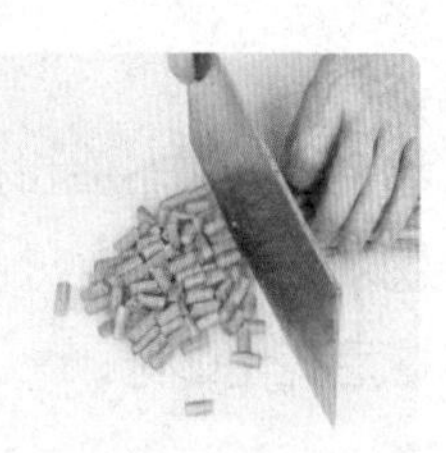

❶洗净的豆角切成小段。

❷洗好的红椒切开，再切粗丝，改切成小块。

❸锅中注入适量清水烧开，加入少许食用油、1克盐。

❹倒入豆角，搅散，煮半分钟至其断生。

❺捞出豆角，沥干水分，备用。

❻用油起锅，倒入肉末，炒至变色。

❼加入适量生抽，略炒片刻。

❽放豆瓣酱炒匀。

❾加入少许蒜末，炒香。

❿倒入焯煮好的豆角、红椒，炒香。

⓫放入芽菜，用中火炒匀。

⓬加入1克盐、鸡粉，炒匀。

⓭关火后盛出炒好的菜肴即可。

豆角在烹饪时要炒熟透，否则容易引起身体不适。

臊子鱼鳞茄

烹饪时间
12分钟

材料 茄子120克，肉末45克，姜片、蒜末、葱花各少许

调料 盐3克，鸡粉少许，白糖2克，豆瓣酱6克，剁椒酱10克，生抽4毫升，陈醋6毫升，生粉、水淀粉、食用油各适量

做法

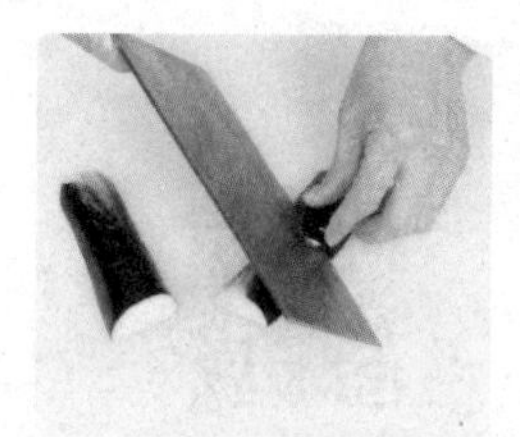

❶将洗净的茄子切开，切上鱼鳞花刀。

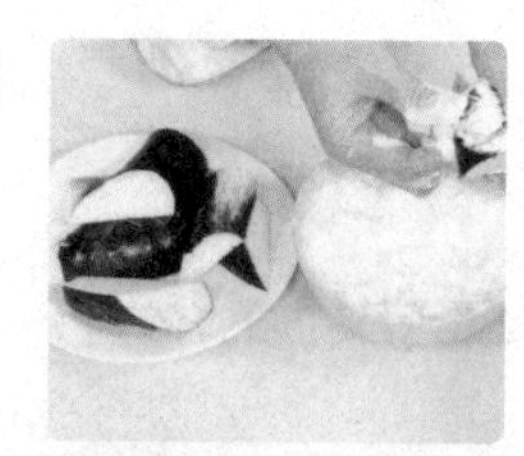

❷把茄块装入盘中，均匀地撒上适量生粉，静置一会儿，使生粉浸入其中。

❸热锅注油，烧至五六成热，倒入茄块，搅散。

❹用中火炸约1分钟，至其呈金黄色，捞出茄块，沥干油，待用。

❺用油起锅，倒入肉末，炒至变色。

❻放入少许蒜末、姜片，炒出香味，加入豆瓣酱、剁椒酱，炒出辣味。

❼注入适量清水，淋上生抽，倒入炸好的茄块。

❽加入盐、白糖、少许鸡粉。

❾炒匀调味，略煮片刻至茄块变软。

❿淋入陈醋炒匀炒透，待汤汁收浓。

⓫倒入水淀粉，翻炒至食材入味。

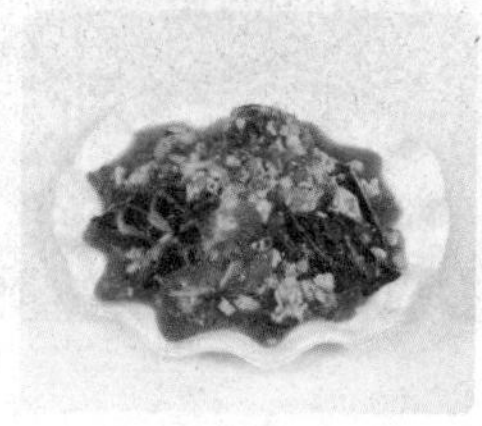

⓬关火后盛出炒好的菜肴装入盘中，点缀上葱花即成。

香辣铁板豆腐

烹饪时间
12分钟

材料 豆腐500克，蒜末、葱花、葱段各适量

调料 盐2克，鸡粉3克，辣椒粉15克，豆瓣酱15克，生抽5毫升，水淀粉10毫升，食用油适量

做法

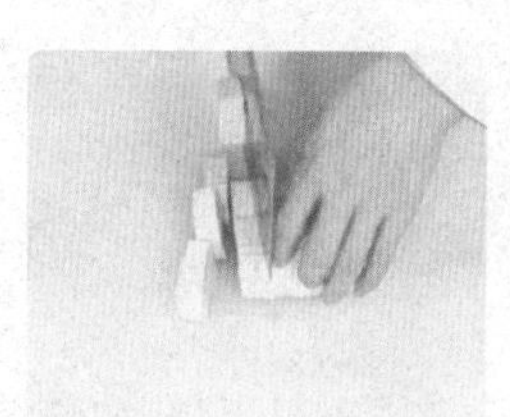

❶洗好的豆腐切厚片，再切条，改切成小方块。

❷热锅注油，烧至六成热，倒入豆腐，炸至金黄色。

❸捞出豆腐，沥干油，备用。

❹锅底留油，倒辣椒粉、蒜末爆香。

❺放入豆瓣酱，倒入适量清水，翻炒匀，煮至沸。

❻加入少许生抽、鸡粉、盐，放入炸好的豆腐。

❼翻炒均匀，煮沸后再煮1分钟。

❽倒适量水淀粉，翻炒至食材入味。

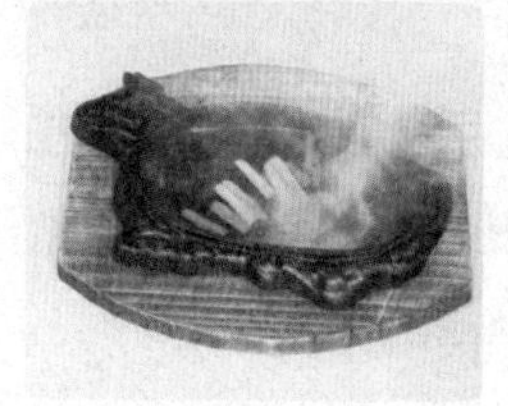

❾取烧热的铁板，淋入少许食用油，摆上适量葱段。

❿盛出炒好的豆腐，装在铁板上，撒上葱花即可。

宫保豆腐

烹饪时间
13分钟

材料 黄瓜200克，豆腐300克，红椒30克，酸笋100克，胡萝卜150克，水发花生米90克，姜片、蒜末、葱段、干辣椒各少许

调料 豆瓣酱15克，盐、鸡粉、生抽、辣椒油、陈醋、水淀粉、食用油各适量

做法

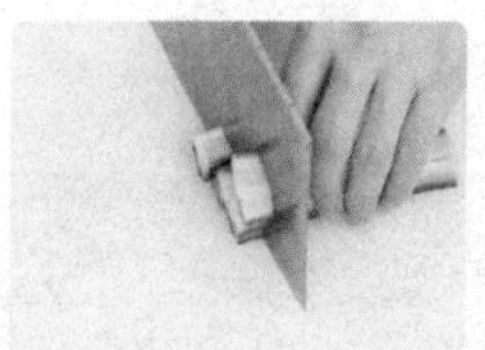

❶洗净的黄瓜、胡萝卜、酸笋、红椒全部切丁。

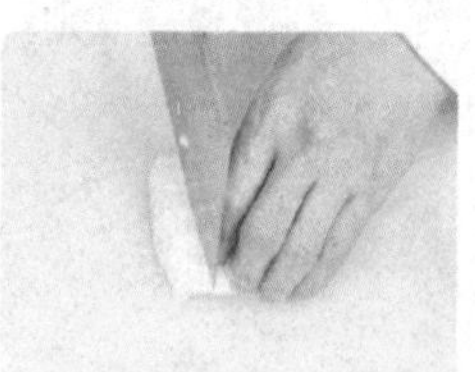

❷洗净的豆腐切成小方块，备用。

❸锅中注水烧开，放盐，放豆腐块，煮1分钟捞出。

❹再将酸笋、胡萝卜倒入沸水中，煮1分钟后捞出。

❺把备好的花生米倒入沸水锅中，煮半分钟捞出。

❻花生米倒入四成热的油锅中，滑油至微黄色后捞出。

❼锅底留油，倒入少许干辣椒、姜片、蒜末、葱段，爆香。

❽倒入红椒、黄瓜，快速炒匀。

❾放入酸笋、胡萝卜炒匀；放入豆腐块，加入豆瓣酱、生抽。

❿放入适量鸡粉、盐，淋入适量辣椒油、陈醋，炒匀。

⓫倒入花生米，淋入水淀粉，翻炒片刻，至食材入味。

⓬关火后盛出炒好的食材即可。

椒香肉片

烹饪时间
10分钟

材料 猪瘦肉200克
白菜150克
红椒15克
桂皮、花椒、八角、干辣椒、姜片、葱段、蒜末各少许

调料 生抽4毫升
豆瓣酱10克
鸡粉4克
盐3克
陈醋7毫升
水淀粉8毫升
食用油适量

做法

❶洗好的红椒切开，切成段。

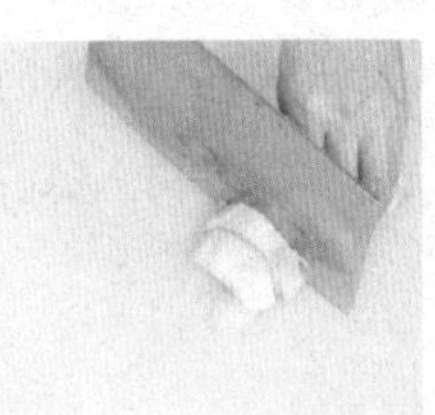

❷洗净的白菜切去根部，再切成段。

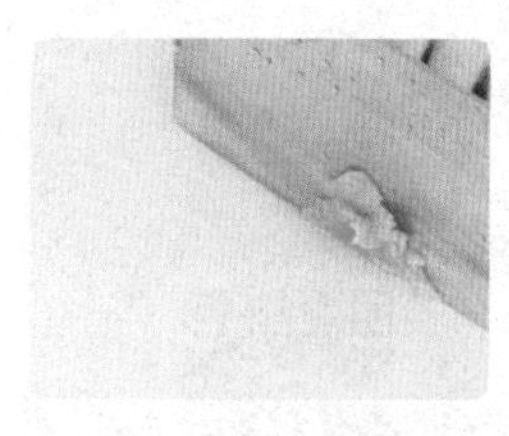
❸洗好的猪瘦肉切成薄片。

❹肉片中加1克盐、2克鸡粉、3毫升水淀粉搅匀。

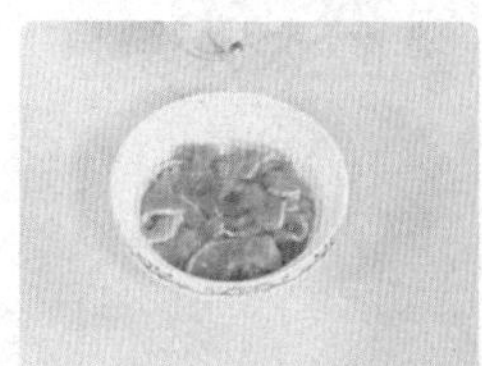
❺倒入食用油拌匀，腌10分钟至入味。

❻热锅注油，烧至四成热，倒入腌好的肉片。

❼搅散，滑油半分钟至肉片变色。

❽将滑油好的肉片捞出，沥干备用。

❾锅底留油，倒入少许葱段、蒜末、姜片，爆香。

❿撒入红椒，少许桂皮、花椒、八角、干辣椒，炒出香味。

⓫放入白菜，炒匀，至白菜变软。

⓬注水，快炒，放入肉片炒匀。

⓭加入生抽、豆瓣酱、2克鸡粉、1克盐、陈醋，炒匀调味。

⓮倒入剩余水淀粉勾芡。

⓯翻炒均匀。

⓰盛出炒好的菜肴即可。

豆瓣排骨

烹饪时间
20分钟

材料 排骨300克，芽菜100克，红椒20克，姜片、葱段、蒜末各少许

调料 豆瓣酱20克，料酒3毫升，生抽3毫升，鸡粉2克，盐2克，老抽2毫升，水淀粉、食用油各适量

做法

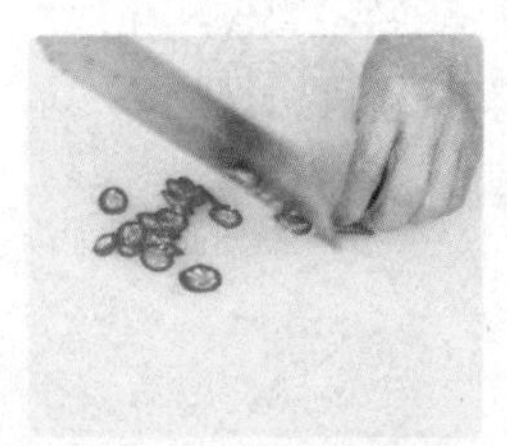

❶洗净的红椒切圈，备用。

❷锅中注入适量清水烧开，倒入洗净的排骨，搅开，煮至沸，汆去血水。

❸把汆煮好的排骨捞出，沥干水分，备用。

❹用油起锅，放入姜片、蒜末爆香。

❺加入豆瓣酱，翻炒出香味。

❻倒入汆过水的排骨，翻炒均匀。

❼加入芽菜，炒匀，淋上料酒。

❽注入适量水，炒匀，放入生抽、鸡粉、盐、老抽，炒匀调味。

❾盖上盖，烧开后用小火焖15分钟至食材熟透。

❿揭开盖，放入红椒圈、少许葱段。

⓫倒入适量水淀粉，快速翻炒匀。

⓬关火后盛出炒好的食材，装入盘中即可。

水煮猪肝

烹饪时间 10分钟

材料 猪肝300克
白菜200克
姜片、葱段、蒜末各少许

调料 盐3克
鸡粉3克
料酒4毫升
水淀粉8毫升
豆瓣酱15克
生抽4毫升
辣椒油、花椒油、食用油各适量

做法

❶将洗净的白菜切成细丝。

❷处理干净的猪肝切成薄片。

❸猪肝中加1克盐、1克鸡粉、2毫升料酒。

❹倒入3毫升水淀粉，拌匀，腌渍10分钟至其入味。

❺锅中注水烧开，倒入食用油，放入1克盐、1克鸡粉。

❻倒入白菜丝拌匀，煮至熟软捞出。

❼用油起锅，倒入少许姜片、葱段、蒜末，爆香。

❽放入豆瓣酱炒散，倒入猪肝炒至变色。

❾淋入适量2毫升料酒，炒匀提味。

❿锅中注入少许清水，淋入生抽。

⓫放入1克盐、1克鸡粉，拌匀调味。

⓬加入辣椒油、花椒油拌匀，煮沸。

⓭倒入5毫升水淀粉。

⓮用锅勺快速搅匀，关火后盛出即可。

川辣红烧牛肉

烹饪时间
33分钟

材料 卤牛肉200克，土豆100克，大葱30克，干辣椒10克，香叶4克，八角、蒜末、姜片各少许

调料 生抽5毫升，老抽2毫升，料酒4毫升，豆瓣酱10克，水淀粉、食用油各适量

做法

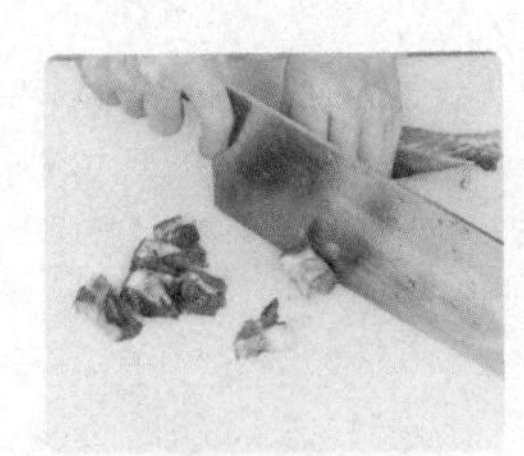

❶卤牛肉切小块，大葱洗净切段。

❷土豆洗净，去皮切大块，入油锅炸至金黄色后捞出。

❸锅底留油烧热，放入干辣椒、香叶、八角、蒜末、姜片炒香。

❹放入卤牛肉，炒匀，加入料酒、豆瓣酱炒香。

❺放入生抽、老抽炒匀，注水。

❻盖上盖，煮20分钟至入味。

❼揭盖，倒入土豆、大葱炒匀，盖盖，小火煮5分钟至熟透。

❽揭盖，拣出香叶、八角。

❾倒入适量水淀粉勾芡，关火后盛出锅中的菜肴即可。

炸土豆时油温不宜过高，以免炸焦。

葱韭牛肉

烹饪时间
70分钟

材料 牛腱肉300克，南瓜220克，韭菜70克，红小米椒15克，泡小米椒20克，姜片、葱段、蒜末各少许

调料 鸡粉2克，盐3克，豆瓣酱12克，料酒4毫升，生抽3毫升，老抽2毫升，食用油、五香粉、水淀粉、冰糖各适量

做法

❶将所有原料洗净，锅中注水烧开，加少许1毫升老抽、1克鸡粉、2克盐。

❷放入洗净的牛腱肉，撒上适量五香粉，拌匀。

❸盖上盖，烧开后用小火煮1小时，至其熟软。

❹揭盖，取出煮好的食材，沥干水分，放凉待用。

❺红小米椒切圈，泡小米椒切碎，韭菜切段，南瓜、牛腱肉切成小块。

❻用油起锅，倒入少许蒜末、姜片、葱段，爆香。

❼倒入红小米椒、泡小米椒炒香；放入牛肉块炒匀。

❽放入料酒、豆瓣酱、生抽、1毫升老抽、1克盐，炒匀。

❾放入南瓜块，炒至变软，加入适量冰糖，注入清水。

❿加入1克鸡粉拌匀；煮开后小火续煮30分钟至入味。

⓫揭盖，倒入韭菜段，炒匀。

⓬用适量水淀粉勾芡，关火后盛出锅中的菜肴即可。

香辣牛腩煲

烹饪时间
23分钟

材料 熟牛腩200克，姜片、葱段各15克，干辣椒10克，山楂干15克，蒜头35克，草果15克，八角8克

调料 盐2克，鸡粉2克，料酒10毫升，豆瓣酱10克，陈醋8毫升，辣椒油10毫升，水淀粉5毫升，冰糖30克，食用油适量

做法

❶熟牛腩切小块。

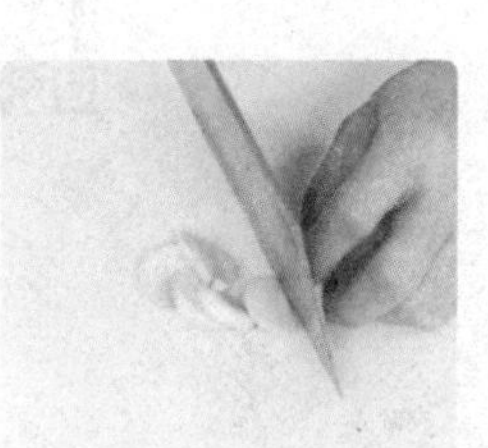

❷蒜头洗净切片。

❸热油起锅，倒入洗净的草果、八角、山楂干、姜片、蒜片，炒香。

❹放干辣椒、冰糖，倒牛腩炒匀。

❺淋入料酒、豆瓣酱、陈醋，炒匀。

❻倒入少许清水。

❼加入适量盐、鸡粉炒匀调味，淋入辣椒油。

❽用小火焖15分钟至食材熟透。

❾揭开盖，倒入水淀粉，翻炒均匀。

❿盛出锅中的食材，装入砂煲中。

⓫将砂煲置于旺火上，盖上盖，烧热后取下砂煲。

⓬揭开盖子，撒上葱段即可。

米椒拌牛肚

烹饪时间 68分钟

材料 牛肚200克，泡小米椒45克，蒜末、葱花各少许

调料 盐4克，鸡粉4克，辣椒油4毫升，料酒10毫升，生抽8毫升，芝麻油2毫升，花椒油2毫升

做法

❶锅中注入适量清水烧开，倒入切好的牛肚。

❷淋入料酒、生抽，放入2克盐、2克鸡粉，拌匀。

❸盖上盖，用小火煮1小时，至牛肚熟透。

❹揭开盖，捞出煮好的牛肚，沥干水分，备用。

❺将牛肚装入碗中，加入泡小米椒、蒜末、葱花。

❻放入2克盐、2克鸡粉，淋入辣椒油、芝麻油、花椒油。

❼搅拌片刻，至食材入味。

❽将拌好的牛肚装入盘中即可。

孜然羊肚

烹饪时间 8分钟

材料 熟羊肚200克，青椒25克，红椒25克，姜片、蒜末、葱段各少许

调料 孜然2克，盐2克，生抽5毫升，料酒10毫升，食用油适量

做法

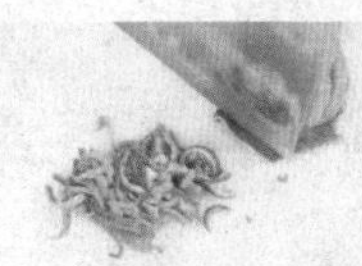

❶将熟羊肚切成条状，待用。

❷洗好的红椒、青椒去籽切粒。

❸锅中注水烧开，倒入羊肚，煮半分钟，汆去杂质。

❹将煮好的羊肚捞出，沥干。

❺用油起锅，倒入少许姜片、蒜末、葱段，爆香。

❻放入青椒、红椒，快速炒匀。

❼倒入羊肚，翻炒片刻。

❽淋入料酒、盐、生抽炒匀。

❾加入孜然，炒香，盛出炒好的羊肚。

汆煮羊肚时，可以放点料酒、姜片，能更好地去除膻味。

麻辣牛肉豆腐

烹饪时间 12分钟

材料 牛肉100克
豆腐350克
红椒30克
姜片、葱花各少许

调料 盐4克
鸡粉2克
豆瓣酱10克
老抽5毫升
料酒5毫升
辣椒面20克
花椒粉10克
水淀粉8毫升
食用油适量

做法

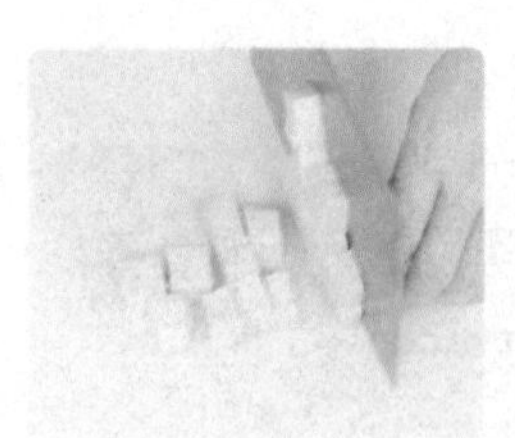

❶豆腐洗净切成厚片，再切成条，改切成小块，备用。

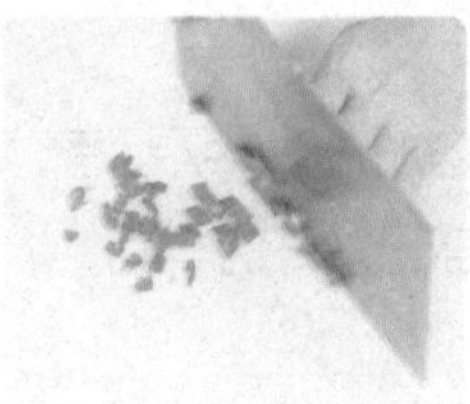

❷洗净的红椒对半切开，去籽，改切成条，再切成粒。

❸洗好的牛肉切条，再切成丁，剁成末。

❹锅中注水烧开，放入2克盐，倒入切好的豆腐块，搅匀，去除其酸味。

❺捞出焯煮过的食材，沥干水分。

❻炒锅中倒入适量食用油烧热，放入少许姜片，爆香。

❼倒入牛肉末、红椒粒，翻炒片刻。

❽淋入料酒，炒匀提鲜。

❾放入辣椒面、花椒粉，翻炒匀。

❿倒入豆瓣酱、老抽，炒匀上色。

⓫加水，倒入豆腐块，放入2克盐、鸡粉，搅匀，煮2分钟至熟。

⓬倒入水淀粉。

⓭翻炒均匀。

⓮盛出，装入盘中，撒上少许葱花即可。

重庆芋儿鸡

烹饪时间 25分钟

材料 小芋头300克，鸡肉块400克，干辣椒、葱段、花椒、姜片、蒜末各适量

调料 盐2克，鸡粉2克，水淀粉10毫升，豆瓣酱10克，料酒8毫升，生抽4毫升，食用油适量

做法

❶鸡肉块入沸水锅中，汆去血水。

❷热锅注油，烧至四成热，倒入小芋头，炸至微黄捞出。

❸锅底留油，放干辣椒、葱段、花椒、姜片、蒜末爆香。

❹倒鸡肉块，翻炒，放入豆瓣酱、生抽、料酒炒匀。

❺倒入小芋头。

❻倒入适量清水煮沸，加盐、鸡粉，炒匀。

❼盖上盖，小火焖15分钟至熟。

❽揭盖，大火收汁，加水淀粉。

❾翻炒片刻，使食材入味，盛出。

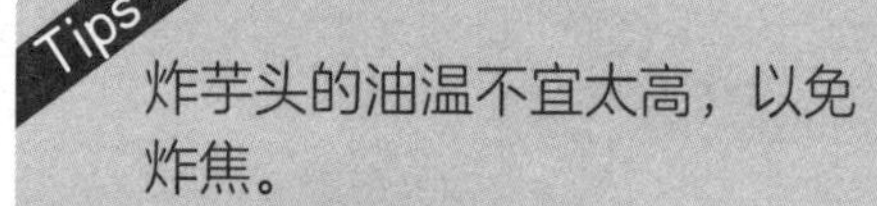

Tips

炸芋头的油温不宜太高，以免炸焦。

麻辣干炒鸡

烹饪时间 16分钟

材料 鸡腿300克，干辣椒10克，花椒7克，葱段、姜片、蒜末各少许

调料 盐2克，鸡粉1克，生粉6克，料酒4毫升，生抽5毫升，辣椒油、花椒油、五香粉、食用油各适量

做法

❶将洗净的鸡腿切开，斩成小件，放入碗中。

❷加1克盐、少许鸡粉、2毫升生抽、生粉、食用油腌10分钟。

❸锅中注油，烧至六成热，倒入鸡块，拌炒均匀。

❹捞出炸好的鸡块，沥干油。

❺葱段、姜片、蒜末、干辣椒、花椒入油锅爆香。

❻倒入鸡块炒匀，淋入料酒、3毫升生抽炒匀。

❼加入1克盐、剩余鸡粉，适量辣椒油、花椒油，炒匀。

❽撒上适量五香粉，翻炒片刻，关火后盛出即可。

重庆烧鸡公

烹饪时间
18分钟

材料 公鸡500克，青椒45克，红椒40克，蒜头40克，葱段、姜片、蒜片、花椒、桂皮、八角、干辣椒各适量

调料 豆瓣酱15克，盐2克，鸡粉2克，生抽8毫升，辣椒油5毫升，花椒油5毫升，食用油适量

做法

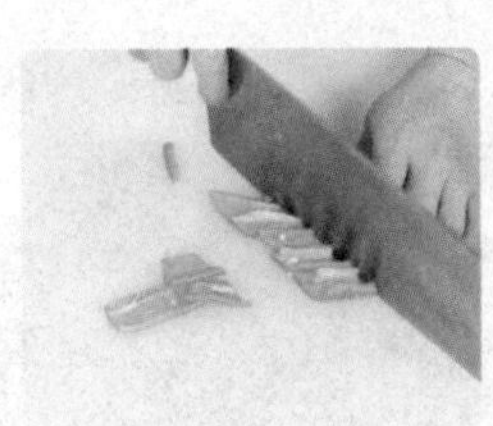

❶青椒、红椒洗净去蒂，去籽，切段。

❷宰杀处理干净的公鸡斩成小块。

❸锅中注入适量清水烧开，倒入公鸡块，搅散开，煮至沸，汆去血水。

❹把汆过的公鸡块捞出，沥干水。

❺热锅注油，烧至四成热，倒入八角、桂皮、花椒，放入蒜头，炸出香味。

❻倒入公鸡块，翻炒均匀；加姜片、蒜片、干辣椒。

❼放青椒、红椒，翻炒匀；加入豆瓣酱，炒出香味。

❽放盐、鸡粉、生抽，再淋入辣椒油、花椒油，炒匀调味。

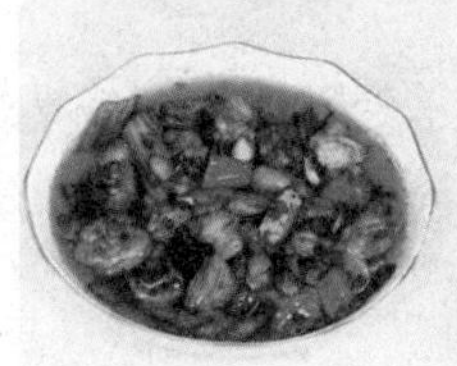

❾把炒好的食材盛出装入碗中。

❿最后放上少许葱段即可。

红油豆腐鸡丝

烹饪时间
12分钟

材料 鸡胸肉200克
豆腐230克
花椒、干辣椒、姜片、蒜末、葱花各少许

调料 盐4克
鸡粉3克
豆瓣酱6克
辣椒油8毫升
水淀粉5毫升
生抽4毫升
食用油适量

做法

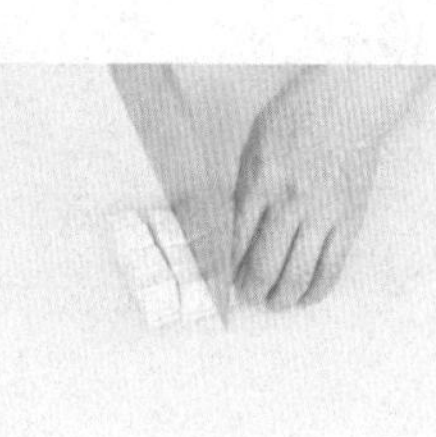

❶洗好的豆腐切成小方块。

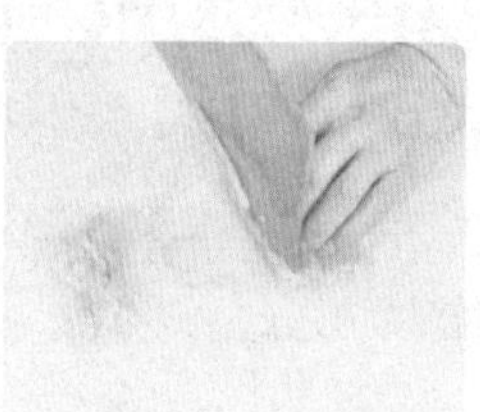

❷处理好的鸡肉切成丝，装入碗中。

❸鸡肉丝中放入少许1克盐、1克鸡粉抓匀。

❹倒入2毫升水淀粉，抓匀，再倒入少许食用油，腌渍10分钟。

❺锅中注水烧开，加入2克盐、1克鸡粉。

❻倒入豆腐，搅散，略煮一会儿。

❼把豆腐捞出，沥干水分，备用。

❽用油起锅，倒入腌好的鸡肉丝，快速炒至变色。

❾倒入少许姜片、蒜末、花椒、干辣椒，爆香。

❿淋入生抽、辣椒油，倒入豆腐。

⓫轻轻地翻炒，倒入适量清水略煮。

⓬放入1克盐、1克鸡粉、豆瓣酱，翻炒匀，用中火续煮至入味。

⓭转大火收汁，倒入3毫升水淀粉，快速翻炒均匀。

⓮关火后盛出，撒上少许葱花即可。

泡椒炒鸭肉

烹饪时间
18分钟

材料 鸭肉200克，灯笼泡椒60克，泡小米椒40克，姜片、蒜末、葱段各少许

调料 豆瓣酱10克，盐3克，鸡粉2克，生抽5毫升，料酒5毫升，水淀粉、食用油各适量

做法

❶将灯笼泡椒切成小块，再将泡小米椒切成小段。

❷洗净的鸭肉切成小块，装在碗中，淋入2毫升生抽。

❸加盐、1克鸡粉、2毫升料酒、水淀粉拌匀，腌渍约10分钟。

❹锅中注水烧开，倒入鸭肉块，煮约1分钟，捞出。

❺用油起锅，放入鸭肉块，快速炒匀。

❻ 再放入少许蒜末、姜片，翻炒。

❼淋入剩余料酒，炒香、炒透，再放入3毫升生抽，炒匀。

❽倒入切好的泡小米椒、灯笼泡椒，翻炒片刻。

❾加入豆瓣酱、2克鸡粉，快速炒匀，注水，收拢食材。

❿盖上盖子，用中火焖煮约3分钟，至全部食材熟透。

⓫取下盖子，用大火收汁，淋上少许水淀粉勾芡。

⓬关火后盛出锅中的食材，放在盘中，撒上少许葱段即成。

辣炒鸭舌

烹饪时间
15分钟

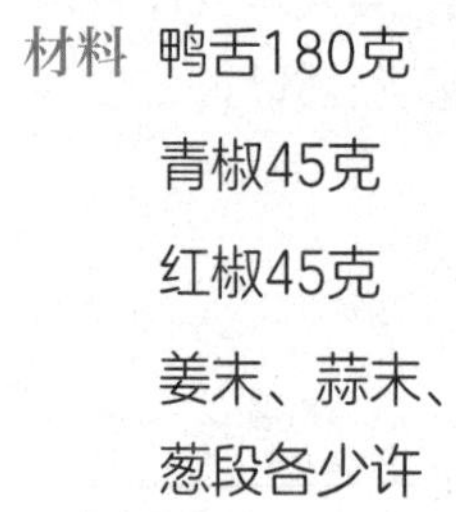

材料 鸭舌180克
青椒45克
红椒45克
姜末、蒜末、葱段各少许

调料 料酒18毫升
生抽10毫升
生粉10克
豆瓣酱10克
食用油适量

做法

❶洗净的红椒切开，去籽，切小块。

❷洗好的青椒切开，去籽，切小块，备用。

❸锅中注入适量清水，大火烧开，倒入清洗好的鸭舌。

❹淋入10毫升料酒，搅拌均匀，汆去血水。

❺将汆煮好的鸭舌捞出，沥干水分，待用。

❻将鸭舌装入碗中，放入3毫升生抽，搅拌片刻。

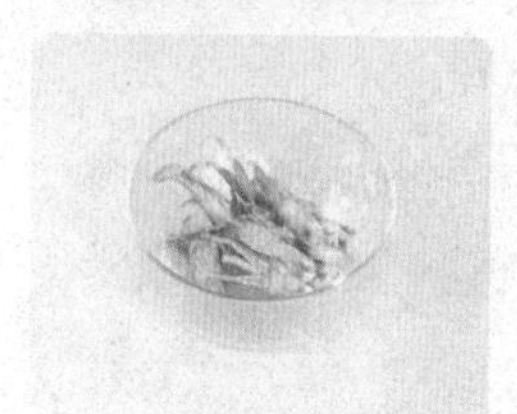

❼加入生粉，搅拌均匀。

❽热锅注油，烧至五成热，倒鸭舌，炸至金黄色。

❾将炸好的鸭舌捞出，沥干油。

❿用油起锅，放入少许姜末、蒜末、葱段，爆香。

⓫倒入青椒、红椒，翻炒片刻。

⓬放入鸭舌，加入豆瓣酱、7毫升生抽，淋入8毫升料酒。

⓭快速翻炒片刻，至其入味，将炒好的菜肴盛出，装入碗中即可。

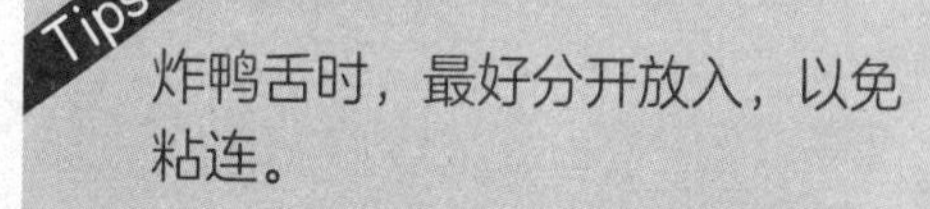

Tips

炸鸭舌时，最好分开放入，以免粘连。

萝卜干肉末炒鸡蛋

烹饪时间 8分钟

材料 萝卜干120克
鸡蛋2个
肉末30克
干辣椒5克
葱花少许

调料 盐2克
鸡粉2克
生抽3毫升
水淀粉、食用油各适量

做法

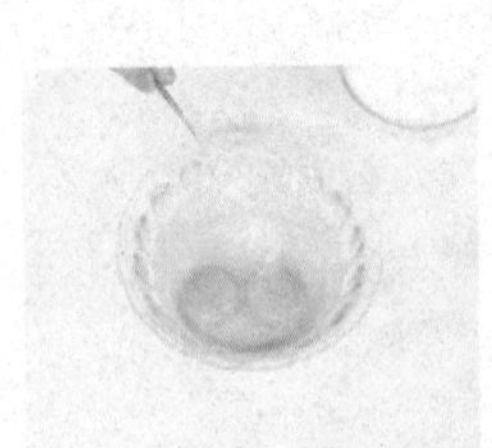

❶将鸡蛋打入碗中，加入1克盐、1克鸡粉。

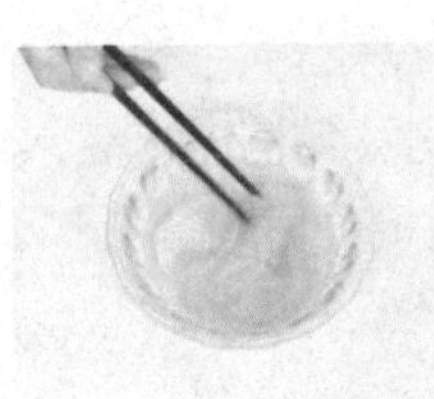

❷淋入适量水淀粉，快速搅散，制成蛋液，待用。

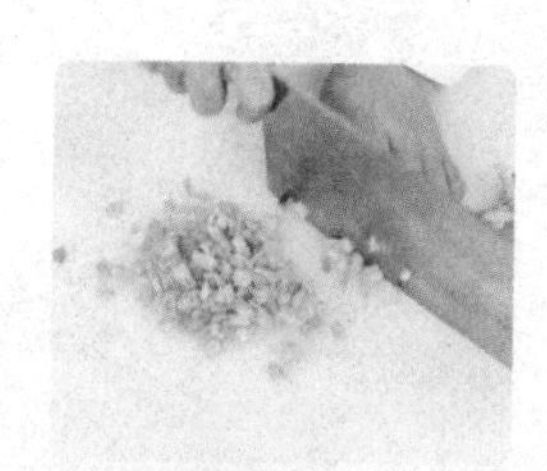

③洗净的萝卜干切成丁。

④锅中注入清水烧开，倒入萝卜丁。

⑤搅拌匀，焯煮约半分钟。

⑥至其变软后捞出，沥干水分。

⑦用油起锅，倒入备好的蛋液，用中火翻炒一会儿。

⑧盛出炒好的鸡蛋，装碗，待用。

⑨锅底留油烧热，放入备好的肉末，炒至肉末松散。

⑩淋上生抽炒匀，放干辣椒，炒香。

⑪倒入焯好的萝卜丁，炒干水汽，放入鸡蛋炒散。

⑫加入1克盐、1克鸡粉，用中火翻炒至入味。

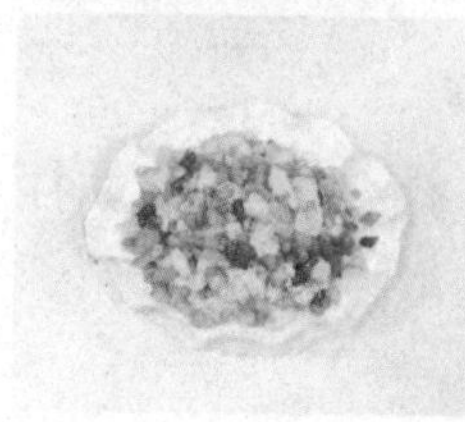

⑬关火后盛出，点缀上少许葱花即可。

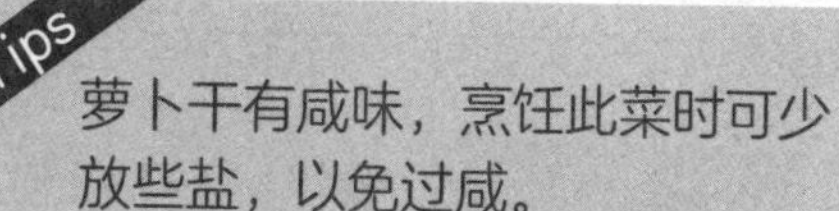

Tips

萝卜干有咸味，烹饪此菜时可少放些盐，以免过咸。

双椒淋汁鱼

烹饪时间 15分钟

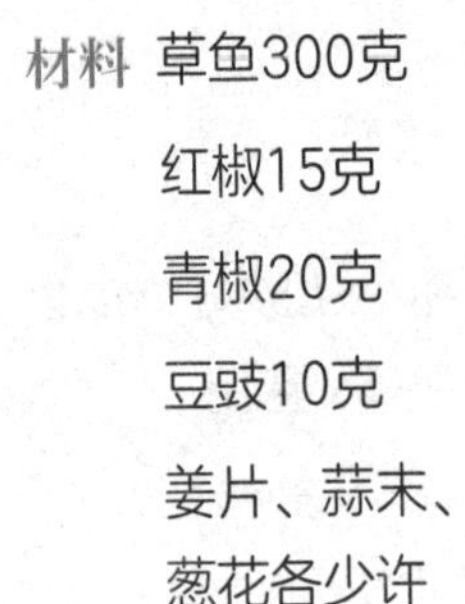

材料 草鱼300克
红椒15克
青椒20克
豆豉10克
姜片、蒜末、葱花各少许

调料 鸡粉3克
盐4克
生抽4毫升
豆瓣酱15克
料酒3毫升
水淀粉7毫升
食用油适量

做法

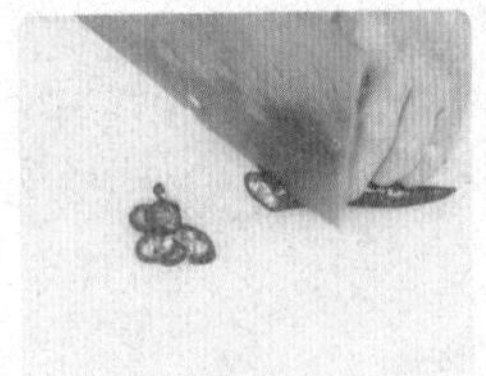

❶将洗好的红椒切成圈。

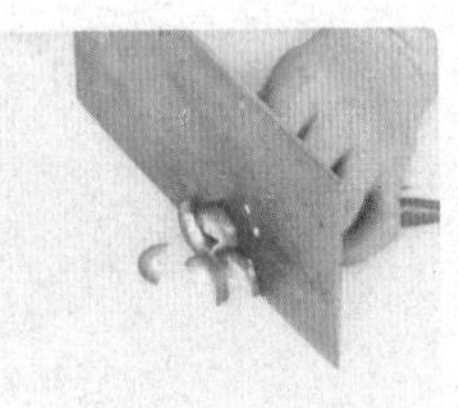

❷洗净的青椒切开，再切成小块。

❸处理干净的草鱼用斜刀切成片。

❹将鱼片装碗，加入2克盐、1克鸡粉、料酒、水淀粉。

❺搅匀上浆，注入食用油，腌渍约10分钟使其入味。

❻锅中注入适量食用油，烧至三四成热，倒入鱼片。

❼滑油约半分钟，至其断生后捞出，沥干油，待用。

❽把滑好油的鱼片整齐地摆入盘中，撒上少许葱花。

❾锅底留油，倒入豆豉、姜片、蒜末爆香。

❿加入豆瓣酱，倒入红椒、青椒，翻炒至出香味。

⓫淋入生抽，加入1克鸡粉、2克盐，炒匀。

⓬注入清水，快速搅匀调成味汁。

⓭将味汁均匀地浇在鱼片上即可。

Tips

鱼片入锅滑油的时间不宜太长，以免肉质变老，影响口感。

豆瓣酱焖红衫鱼

烹饪时间 12分钟

材料 红衫鱼200克
姜片、蒜末、红椒圈、葱丝各少许

调料 豆瓣酱6克
盐2克
鸡粉2克
料酒5毫升
生抽7毫升
生粉、水淀粉、食用油各适量

做法

❶将处理好的红衫鱼装在盘中。

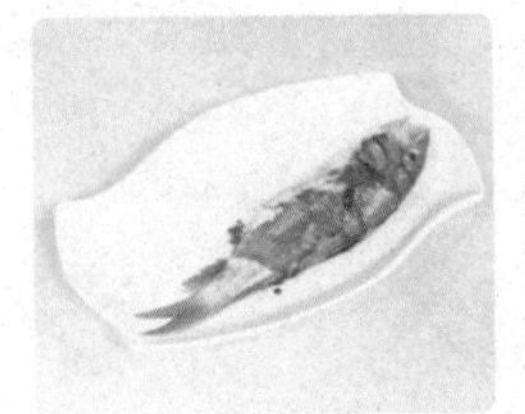

❷加入1克盐、1克鸡粉，淋入3毫升生抽、2毫升料酒，拌匀。

❸拍上生粉拌匀，腌渍约10分钟。

❹五成热的油锅中放入红衫鱼。

❺轻轻搅拌匀，再炸约2分钟。

❻至食材熟软后捞出，沥干油待用。

❼锅底留油，放入少许姜片、蒜末、红椒圈，爆香。

❽淋入剩余料酒，注入适量清水。

❾再加入豆瓣酱、1克盐、1克鸡粉，倒入4毫升生抽，搅拌一会儿。

❿待汤汁沸腾时放入炸好的红衫鱼。

⓫边煮边浇上汤汁，续煮约2分钟，至食材入味。

⓬将煮好的红衫鱼盛出，装在盘中。

⓭将锅中余下的汤汁烧热，倒入适量水淀粉勾芡，调成稠汁。

⓮盛出调好的稠汁，浇入盘中，最后撒上葱丝即成。

麻辣香水鱼

烹饪时间
17分钟

材料 草鱼400克，大葱40克，香菜25克，泡椒25克，酸泡菜70克，姜片、干辣椒、花椒、蒜末、葱花各少许

调料 盐4克，鸡粉4克，水淀粉10毫升，生抽5毫升，豆瓣酱12克，白糖2克，料酒4毫升，食用油适量

做法

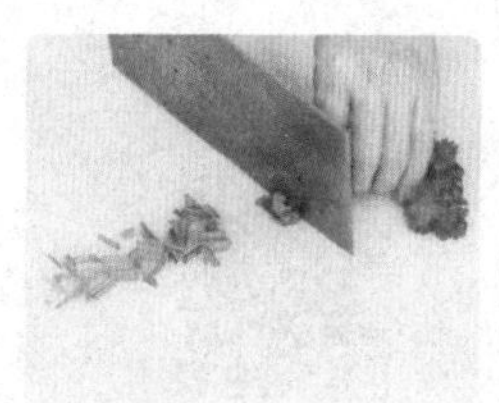

❶香菜切小段，洗净的大葱斜刀切段，泡椒切碎。

❷处理干净的草鱼头斩成小块，用横刀将鱼骨切开，再切成段。

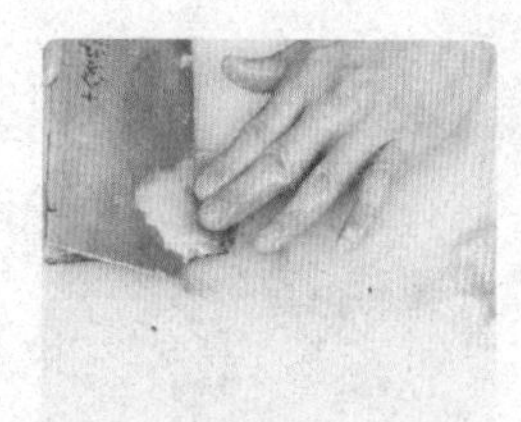

❸将鱼腩骨切除，切成小块，鱼肉用斜刀切成片。

❹在装有鱼头、鱼骨和鱼腩的碗中加入1克盐、1克鸡粉。

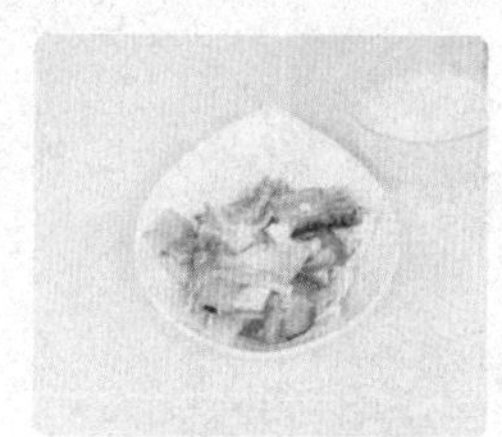

❺再加入5毫升水淀粉，搅拌至上浆，腌渍10分钟使其入味。

❻把鱼肉放入另一个碗中，放入1克盐、1克鸡粉，淋入料酒，搅拌均匀。

❼淋入5毫升水淀粉，搅拌上浆，加入少许食用油，腌渍10分钟，备用。

❽用油起锅，倒入少许姜片、蒜末、干辣椒，爆香。

❾倒入大葱段、泡椒，炒匀；放入酸泡菜炒匀，加入适量清水，煮至沸。

❿加豆瓣酱、2克盐、2克鸡粉、白糖炒匀；放鱼骨、鱼头、鱼腩，略煮后捞出。

⓫锅内留汤汁烧开，放入鱼肉，搅散；淋入生抽拌匀，煮至熟透，盛入碗中。

⓬撒上香菜、葱花、花椒，再浇上热油逼出香气即可。

麻辣豆腐鱼

烹饪时间 15分钟

材料 净鲫鱼300克，豆腐200克，干辣椒3克，花椒、姜片、蒜末、葱花各少许

调料 盐2克，豆瓣酱7克，醪糟汁40毫升，花椒粉、老抽各少许，生抽5毫升，陈醋8毫升，水淀粉、花椒油、食用油各适量

做法

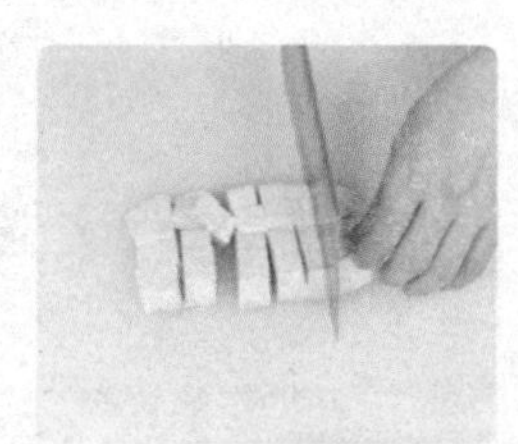

❶将洗净的豆腐切开，切小方块。

❷用油起锅，放入处理干净的鲫鱼，用小火煎一会儿。

❸翻转鱼身，再煎片刻，至断生。

❹放入干辣椒，少许花椒、姜片、蒜末，炒出香辣味。

❺倒入醪糟汁，注入清水，加入豆瓣酱、生抽、盐。

❻淋入适量花椒油拌匀，用中火略煮，放入豆腐块轻轻拌匀。

❼再淋上适量陈醋提味，盖上盖，用小火焖煮约5分钟，至鱼肉熟软。

❽揭盖，盛出鲫鱼，装入盘中。

❾将锅中留下的汤汁烧热，淋入少许老抽，用水淀粉勾芡，制成味汁。

❿关火后盛出味汁，浇在鱼身上，点缀上少许葱花，撒上少许花椒粉。

酸菜小黄鱼

烹饪时间
15分钟

材料 黄鱼400克，灯笼泡椒20克，酸菜50克，姜片、蒜末、葱段各少许

调料 生抽5毫升，生粉15克，豆瓣酱15克，盐2克，鸡粉2克，辣椒油5毫升，食用油适量

做法

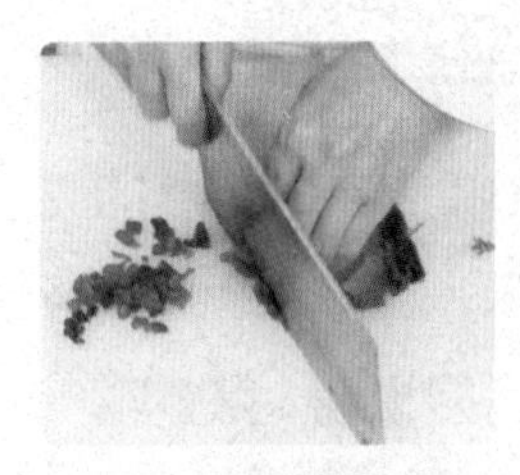

❶酸菜切成条，再切成丁，剁碎；灯笼泡椒切成小块。

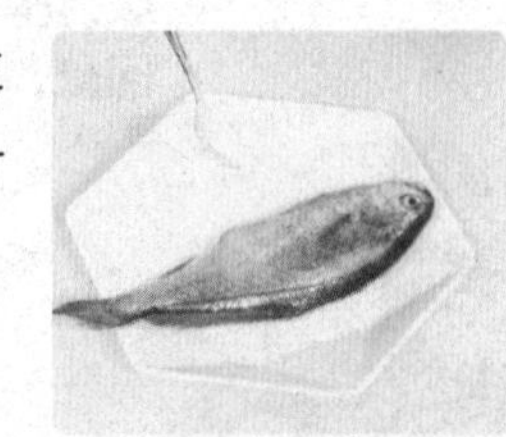

❷处理干净的黄鱼装入盘中，撒入少许1克盐，抹匀。

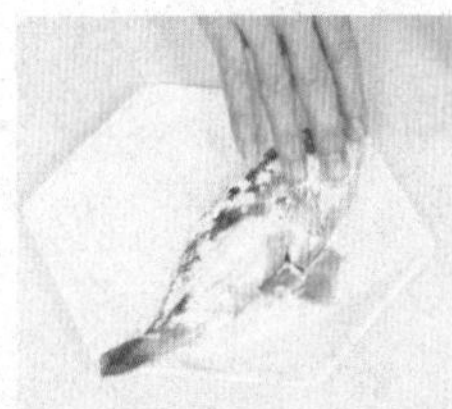

❸淋入生抽，撒入生粉，抹匀。

❹热锅注油，烧至五成热，放入黄鱼，炸至金黄色。

❺捞出炸好的黄鱼，沥干油。

❻锅底留油，放蒜末、姜片，爆香。

❼倒入酸菜，快速炒匀；放入灯笼泡椒，翻炒匀。

❽加水、豆瓣酱、1克盐、1克鸡粉炒匀。

❾淋入辣椒油，翻炒匀，煮至沸。

❿放入炸好的黄鱼，煮约2分钟，至食材入味。

⓫关火后盛出煮好的黄鱼，装入盘中，放入少许葱段即可。

炸黄鱼的时候油温要高，这样煮的时候鱼皮才不容易破。

椒盐银鱼

烹饪时间 6分钟

材料 银鱼干120克，朝天椒15克，蒜末、葱花各少许

调料 盐1克，胡椒粉1克，鸡粉、吉士粉、生粉、料酒、辣椒油、五香粉、食用油各适量

做法

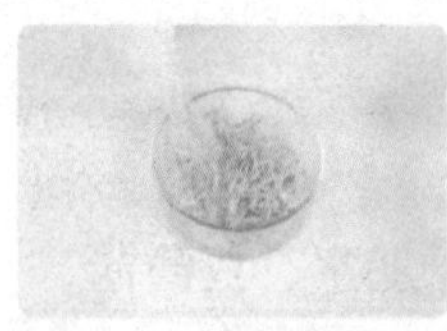

❶将银鱼干用水浸泡约5分钟至变软。

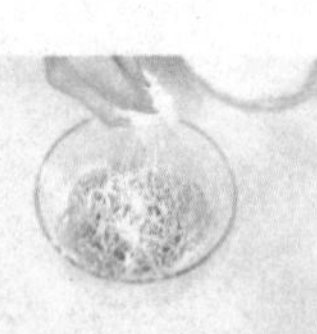

❷捞出沥干，加适量盐、吉士粉，撒上生粉拌匀。

❸朝天椒切圈。

❹将银鱼干放入三四成热的油锅中，炸至金黄色捞出。

❺起油锅，倒入少许蒜末爆香；放入朝天椒炒匀。

❻放银鱼干、胡椒粉、剩余盐、料酒、鸡粉、五香粉炒匀。

❼撒上少许葱花，炒匀炒香。

❽淋入适量辣椒油，炒匀后盛出炒好的菜肴即可。

干烧鳝段

烹饪时间 8分钟

材料 鳝鱼120克，水芹菜20克，蒜薹50克，泡红椒20克，姜片、葱段、蒜末、花椒各少许

调料 生抽5毫升，料酒5毫升，水淀粉、豆瓣酱、食用油各适量

做法

❶洗净的蒜薹、水芹菜切段。

❷宰杀洗净的鳝鱼切花刀，用斜刀切成段。

❸锅中注水烧开，倒入鳝鱼段，汆煮至变色，捞出。

❹用油起锅，倒入姜片、葱段、蒜末、花椒，爆香。

❺放入鳝鱼段、泡红椒，炒匀。

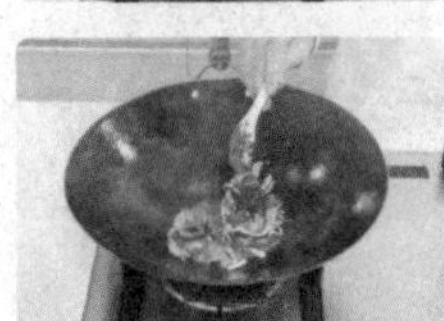

❻加入生抽、料酒、适量豆瓣酱，炒匀炒香。

❼倒入水芹菜、蒜薹，炒至断生。

❽倒入适量水淀粉，快速炒匀。

❾关火后盛出炒好的菜肴即可。

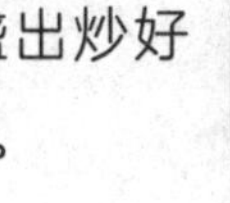

Tips

将处理好的鳝鱼放在砧板上拍打一会儿，可以使鳝鱼更易入味。

老黄瓜炒花蛤

烹饪时间
13分钟

材料 老黄瓜190克，花蛤230克，青椒、红椒各40克，姜片、蒜末、葱段各少许

调料 豆瓣酱5克，盐、鸡粉各2克，料酒4毫升，生抽6毫升，水淀粉、食用油各适量

做法

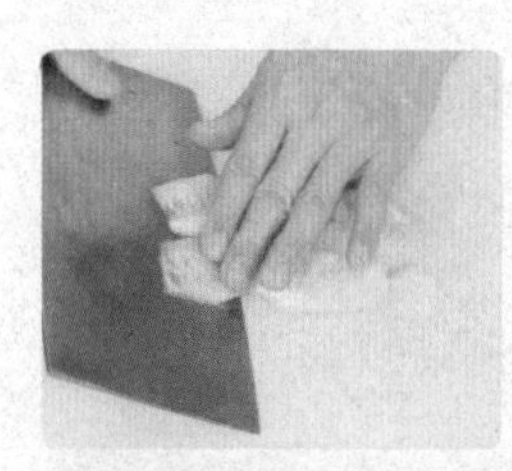

❶将洗净去皮的老黄瓜切开，去除瓜瓤，用斜刀切片。

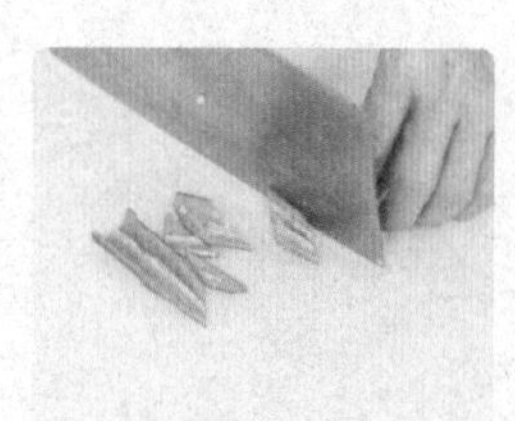

❷洗好的青椒、红椒切开，去籽，改切成小块。

❸锅中注水烧开，倒入洗净的花蛤，用大火煮一会儿。

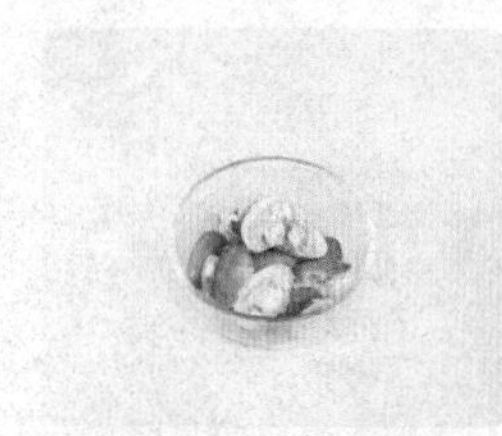

❹捞出汆好的花蛤放入清水中，仔细清洗干净。

❺用油起锅，放入少许姜片、蒜末、葱段，爆香。

❻倒入黄瓜片、青椒、红椒，快速翻炒一会儿。

❼再放入汆煮过的花蛤，翻炒均匀。

❽加入豆瓣酱，再放入鸡粉、盐。

❾淋入料酒、生抽，炒香，倒入适量水淀粉翻炒至食材熟透、入味。

❿关火后盛出炒好的菜肴即成。

苦瓜黑椒炒虾球

烹饪时间
12分钟

材料 苦瓜200克，虾仁100克，泡小米椒30克，姜片、蒜末、葱段各少许

调料 盐3克，鸡粉2克，食粉少许，料酒5毫升，生抽6毫升，黑胡椒粉、水淀粉、食用油各适量

做法

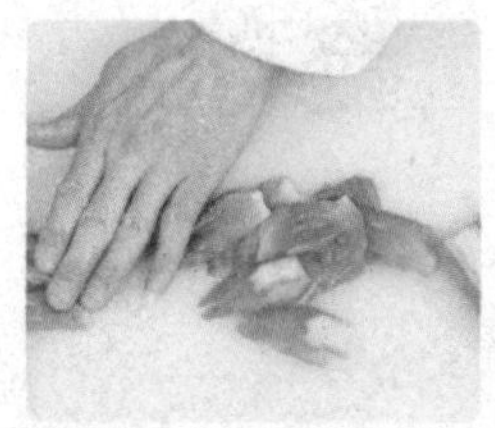

❶将洗净的苦瓜去瓤籽，用斜刀切成片；虾仁切开背部，去除虾线。

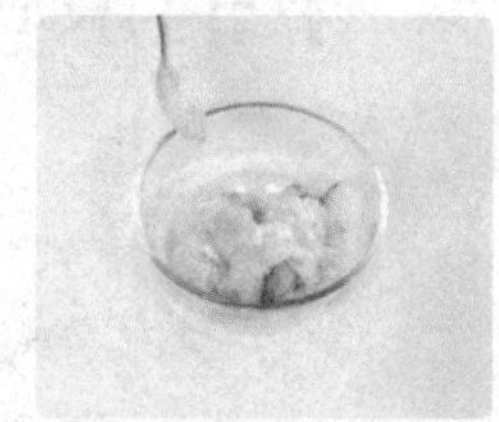

❷把虾仁装碗，加入少许1克盐、1克鸡粉，拌匀，倒入适量水淀粉，拌匀。

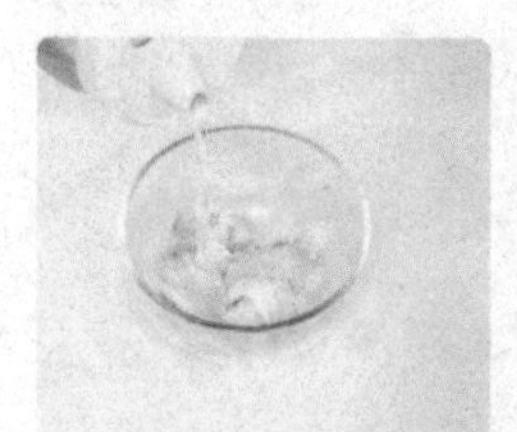

❸再注入少许食用油，腌渍约10分钟，至其入味。

❹锅中注入适量清水烧开，撒上少许食粉，倒入苦瓜片，搅拌匀。

❺焯煮约半分钟，捞出材料，沥干水分，待用。

❻再倒入腌好的虾仁，汆煮至虾身弯曲呈淡红色捞出。

❼起油锅，倒入适量黑胡椒粉，加入少许姜片、蒜末、葱段，爆香。

❽放入泡小米椒，倒入汆过水的虾仁，炒干水汽。

❾淋入料酒，炒匀提味，再放入苦瓜片，炒透炒香。

❿转小火，加入1克鸡粉、2克盐、生抽，快炒至入味。

⓫倒入水淀粉，翻炒至食材熟软。

⓬关火后盛出炒好的菜肴即成。

干锅茶树菇

烹饪时间 14分钟

材料 茶树菇120克
芹菜60克
白菜叶40克
红椒30克
青椒20克
干辣椒、花椒、八角、香叶、沙姜、草果各适量
蒜末、姜末各少许

调料 盐2克
鸡粉2克
生抽3毫升
食用油适量

做法

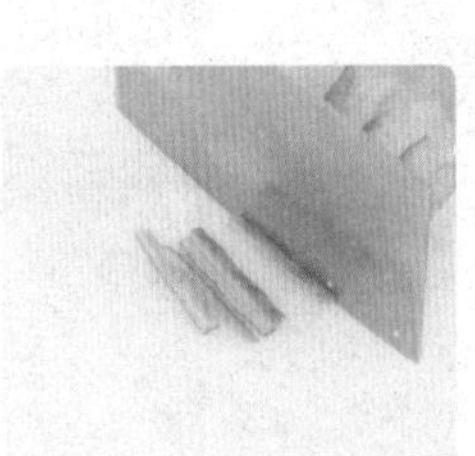

❶青椒洗净切开，去籽，切粗丝。

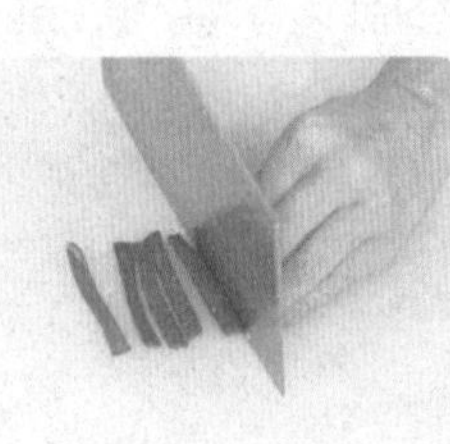

❷红椒洗净切开，去籽，切粗丝。

❸洗净的芹菜切长段，备用。

❹热锅注油，烧至三四成热，倒入茶树菇，拌匀。

❺用小火炸约1分钟，捞出炸好的材料，沥干油。

❻用油起锅，放入少许姜末、蒜末，爆香。

❼放青椒丝、红椒丝、芹菜段，大火快炒至食材变软。

❽倒入炸过的茶树菇炒匀，加盐、鸡粉、生抽。

❾翻炒一会儿至食材入味。

❿关火后盛出炒好的材料，待用。

⓫干锅置火上，倒入食用油烧热。

⓬放入干辣椒、花椒、八角、香叶、沙姜、草果，爆香。

⓭放入洗净的白菜叶，摆放整齐。

⓮再倒入炒过的材料，摆放好。

⓯盖上盖，用小火焖约2分钟至白菜叶熟透。

⓰关火后揭盖，取下干锅，趁热食用即可。

干锅菌菇千张

烹饪时间 18分钟

材料 五花肉200克
千张230克
蒜苗45克
平菇80克
口蘑85克
草菇80克
姜片、干辣椒、葱段、蒜末各少许

调料 盐2克
鸡粉2克
生抽5毫升
豆瓣酱15克
番茄酱10克
辣椒油4毫升
水淀粉10毫升
料酒、食用油各适量

做法

❶将所有原料洗净，蒜苗切段，千张切条状，五花肉切片。

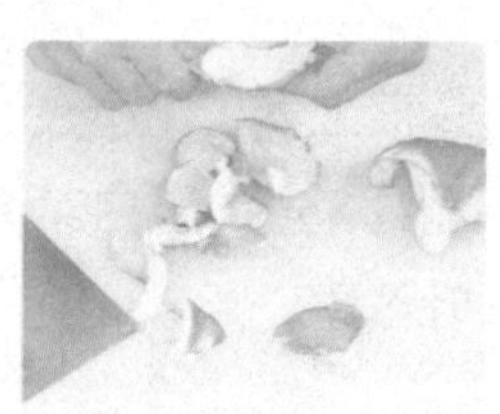

❷口蘑、草菇、平菇切小块。

❸锅中注水烧开，加入1克盐、食用油。

❹倒入草菇、口蘑，淋入料酒搅散，煮至沸。

❺放入平菇块搅匀，倒入千张煮1分钟。

❻将焯煮好的食材捞出，沥干待用。

❼用油起锅，倒入肉片，煸炒出油。

❽放入姜片、蒜末、干辣椒、葱段炒香。

❾淋入生抽，加入豆瓣酱炒匀。

❿倒入焯过水的食材，加1克盐、鸡粉，炒匀。

⓫倒入少许清水，炒匀，煮至沸。

⓬放入辣椒油、番茄酱炒匀，煮2分钟至食材熟透。

⓭倒水淀粉勾芡。

⓮放入蒜苗段，翻炒至断生。

⓯关火后，盛入备好的干锅中即可。

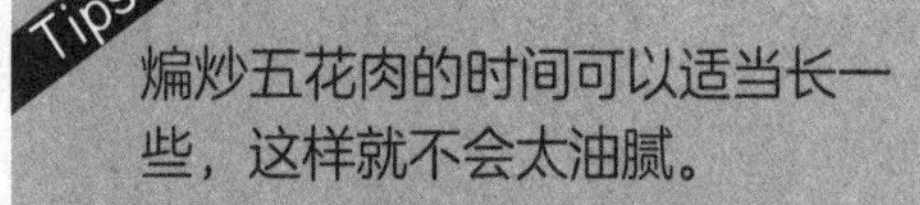

Tips

煸炒五花肉的时间可以适当长一些，这样就不会太油腻。

干锅排骨

烹饪时间
25分钟

材料 排骨400克，青椒15克，红椒15克，花椒10克，干辣椒、姜片、蒜末、蒜苗段各少许

调料 盐、鸡粉各2克，生抽8毫升，豆瓣酱7克，料酒、生粉、水淀粉、食用油各适量

做法

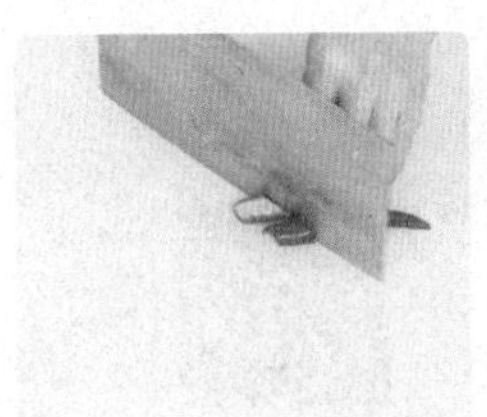

❶洗净的红椒、青椒切开，去籽，切段。

❷把处理好的排骨装入盘中，加1克盐、1克鸡粉、3毫升生抽、少许料酒。

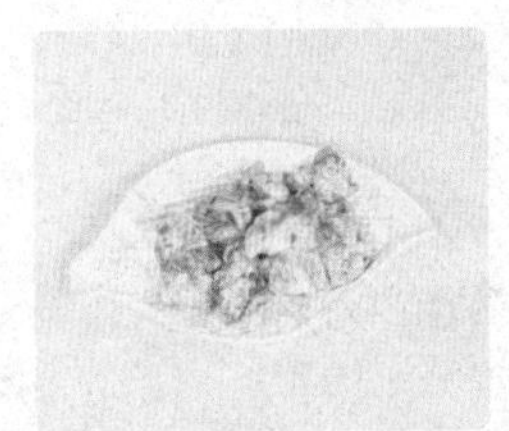

❸撒上适量生粉，搅匀上浆，腌渍约10分钟至其入味。

❹热锅注油烧至五成热，倒入排骨，快速搅散，炸半分钟至其呈金黄色。

❺将炸好的排骨捞出，沥干油。

❻锅底留油烧热，倒入姜片、蒜末、干辣椒、花椒、蒜苗段，爆香。

❼放入青椒、红椒，快速炒匀。

❽加入炸好的排骨，淋入剩余料酒、5毫升生抽，炒匀提味。

❾加入豆瓣酱，翻炒出香味。

❿加入1克盐、1克鸡粉，炒匀调味，注入清水，煮至沸。

⓫倒入适量水淀粉，快速翻炒片刻，使其更入味。

⓬将炒好的排骨盛出，装入备好的干锅中即可。

脆笋干锅鸡

烹饪时间
23分钟

材料 鸡肉400克，竹笋、芦笋各50克，红椒15克，干辣椒15克，八角、桂皮各适量，姜片、蒜末、葱白各少许

调料 豆瓣酱10克，料酒10毫升，盐、鸡粉各3克，生抽、老抽、生粉、食用油、水淀粉各适量

做法

❶将洗净的红椒切成圈，洗净的竹笋和芦笋一起切丁。

❷将洗净的鸡肉斩成小块，装入碗中，加入4毫升料酒、1克盐、生抽、1克鸡粉拌匀。

❸加入生粉，拌匀，腌渍10分钟，使鸡肉入味。

❹热锅注油，烧至五成热，倒入鸡肉，滑油1分钟至转色，然后捞出。

❺锅留底油，倒入姜片、蒜末、八角、桂皮、葱白、红椒、干辣椒，炒香。

❻倒入竹笋和芦笋，炒匀后倒入滑好油的鸡肉。

❼加老抽、豆瓣酱、2克盐、2克鸡粉、6毫升料酒，拌炒均匀。

❽倒入清水，煮约2分钟至入味。

❾倒入适量水淀粉勾芡，继续翻炒。

❿炒至收干汁，把炒好的鸡肉盛入干锅中即可。

炝锅鱼

烹饪时间
18分钟

材料 豆皮50克

宽粉70克

火腿片30克

水发木耳50克

水发香菇20克

水发海带35克

豆腐120克

土豆片100克

生菜50克

草鱼350克

干辣椒10克

花椒8克

八角、姜片、蒜末、葱花各少许

调料 盐2克

鸡粉2克

胡椒粉、生抽、料酒、水淀粉各少许

豆瓣酱、花椒油、食用油各适量

做法

❶将材料洗净，木耳、豆皮、海带切小块，香菇对半切开，豆腐切方块。

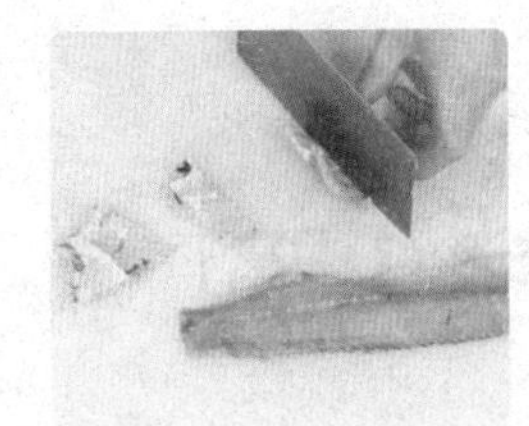

❷草鱼鱼头切块，鱼骨切段，鱼肉斜刀切片。

❸鱼肉中加1克盐、1克鸡粉、胡椒粉、料酒、水淀粉、食用油拌匀腌渍10分钟。

❹鱼头、鱼骨中加1克盐、1克鸡粉、料酒、水淀粉拌匀，腌渍10分钟。

❺锅中注水烧开，加盐、鸡粉、豆瓣酱、油、花椒油、生抽拌匀煮沸。

❻倒入土豆、香菇、木耳、海带拌匀煮沸。

❼放入火腿、豆腐、豆皮拌匀煮半分钟。

❽加入宽粉，煮至变软；将锅中材料捞出，盛入汤锅中，留汤汁，煮至沸。

❾放入生菜烫至断生，夹到汤锅中，将汤汁烧开。

❿撒入姜片、蒜末，放入鱼头、鱼骨，加水煮沸，撇去浮沫。

⓫放鱼肉拌匀，煮至断生，将锅中的材料连汤汁一起盛入汤锅中，撒葱花。

⓬烧至四成热的油锅中放八角、花椒、干辣椒，爆香后淋入汤锅中即可。

豆花鱼火锅

烹饪时间
20分钟

材料 豆腐花240克，鱼头、鱼骨各300克，鱼肉200克，芹菜35克，朝天椒20克，八角、桂皮、花椒各少许

调料 盐4克，鸡粉4克，白糖2克，料酒20毫升，花椒油12毫升，豆瓣酱7克，辣椒油8毫升，食用油、火锅底料、水淀粉各适量

做法

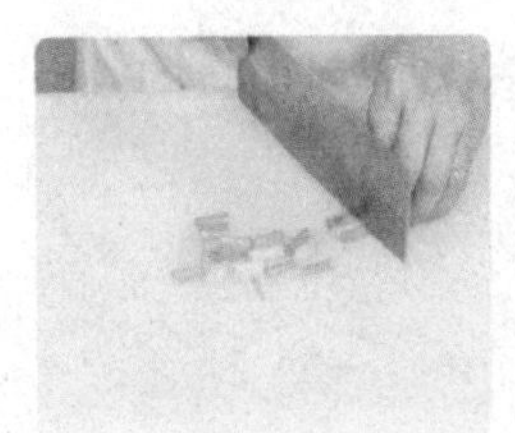

❶洗好的芹菜切小段，洗净的朝天椒切圈，处理干净的鱼肉用斜刀切片。

❷将鱼肉片装入碗中，加入2克盐、2克鸡粉、10毫升料酒，搅匀。

❸倒入水淀粉，搅拌至上浆，注入少许食用油，腌渍10分钟。

❹把鱼头、鱼骨装入碗中，放入2克盐、2克鸡粉、10毫升料酒拌匀，腌渍10分钟。

❺用油起锅，加八角、桂皮、花椒、火锅底料，翻炒至其完全溶化。

❻倒入鱼头、鱼骨，翻炒，淋入料酒，炒匀提味。

❼注水，略煮，盖上锅盖，用中火煮约3分钟。

❽揭开锅盖，加豆瓣酱、白糖，淋入花椒油、辣椒油，煮至白糖溶化。

❾盛出锅中的材料，装入火锅盆中，备用。

❿锅留汤汁烧热，倒入鱼肉片。

⓫放入豆腐花，轻轻搅匀；倒入朝天椒，略煮。

⓬盛出材料，倒入火锅中，点缀上芹菜即可。

麻辣干锅虾

烹饪时间
13分钟

材料 基围虾300克
莲藕120克
青椒35克
干辣椒5克
花椒、姜片、蒜末、葱段各少许

调料 料酒5毫升
生抽4毫升
盐2克
鸡粉2克
辣椒油7毫升
花椒油6毫升
水淀粉4毫升
豆瓣酱10克
白糖2克
食用油适量

做法

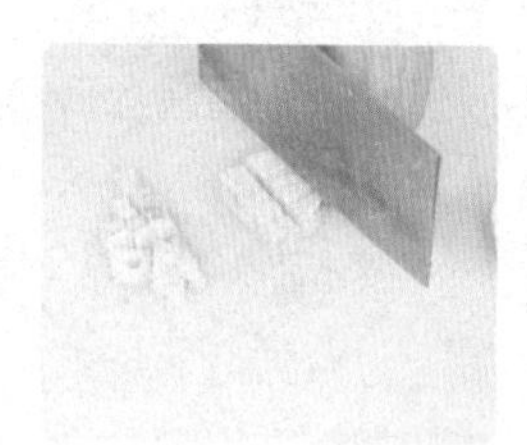

❶洗净去皮的莲藕切厚片，再切成条形，改切成丁。

❷洗净的青椒切开，去籽，切成小块。

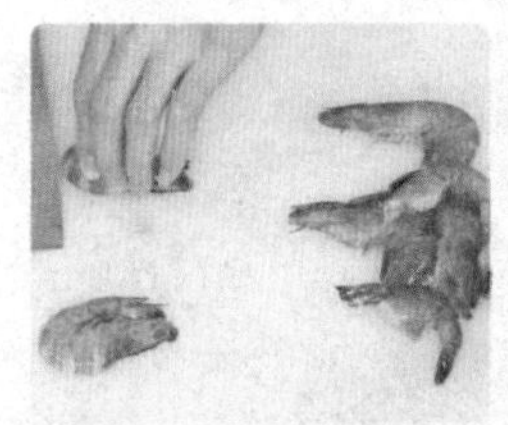

❸将洗净的基围虾腹部多余的触须和脚须切掉，再切开背部，去除虾线。

❹热锅注油，烧至四成热，倒入基围虾，搅散，炸至呈亮红色。

❺将炸好的基围虾捞出，沥干油。

❻锅底留油烧热，倒入干辣椒，少许花椒、姜片、蒜末、葱段，爆香。

❼倒入藕丁，快速翻炒均匀，加入青椒，翻炒均匀。

❽放入豆瓣酱，翻炒均匀，倒入炸好的基围虾。

❾淋入料酒、生抽，炒匀提鲜。

❿加入清水，放入盐、鸡粉、白糖。

⓫淋入辣椒油、花椒油，炒匀调味。

⓬加水淀粉炒匀。

⓭续炒片刻，使食材更入味。

⓮将食材盛出，装入干锅中即可。

香辣诱人的湘菜

Chapter 4

菠菜拌粉丝

烹饪时间
10分钟

材料 菠菜130克，红椒15克，水发粉丝70克，蒜末少许

调料 盐2克，鸡粉2克，生抽4毫升，芝麻油2毫升，食用油适量

做法

❶洗净的菠菜切段；粉丝切段；红椒切丝。

❷锅中注水烧开，倒入少许食用油。

❸粉丝倒入滤网中，放入沸水中烫煮片刻，捞出。

❹把切好的菠菜倒入沸水锅中，搅匀，煮约1分钟。

❺放入切好的红椒，拌煮片刻。

❻把煮好的菠菜和红椒捞出，备用。

❼取一个干净的碗，将焯好的菠菜和红椒放入碗中。

❽放入粉丝、蒜末。

❾加入盐、鸡粉、生抽、芝麻油。

❿把碗中的食材搅拌均匀。

⓫将拌好的菜盛出，装盘即可。

Tips

菠菜要先洗后切，如果先把菠菜切开再清洗，菠菜的营养容易被水带走。

韭菜炒西葫芦丝

烹饪时间 5分钟

材料 韭菜180克，西葫芦200克，红椒20克

调料 盐2克，鸡粉2克，水淀粉2毫升，食用油适量

做法

①将食材洗净，韭菜切段，红椒去籽切丝，西葫芦切丝。

②用油起锅，倒入切好的韭菜、红椒，翻炒均匀。

③放入切好的西葫芦，翻炒至熟软。

④加入盐、鸡粉，炒匀调味。

⑤淋入水淀粉，将锅中食材翻炒均匀，关火，把炒好的菜盛入盘中即可。

Tips

西葫芦烹调时不宜炒得太烂，以免营养损失。

泡椒蒸冬瓜

烹饪时间
23分钟

材料 冬瓜片125克，灯笼泡椒70克，泡小米椒25克，姜末少许

调料 盐少许，鸡粉、白糖各2克，食用油适量

做法

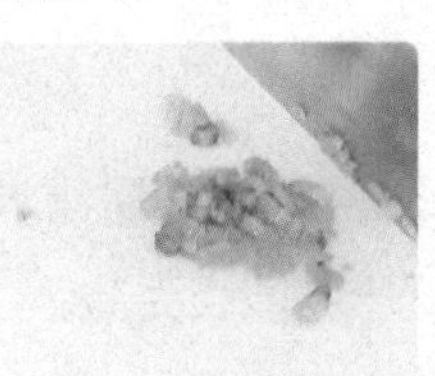

❶将泡小米椒切成碎末，把一小部分灯笼泡椒切细末。

❷用油起锅，放入姜末爆香，倒入切好的材料炒匀。

❸注入清水，加盐、鸡粉、白糖拌匀至白糖溶化，调成辣酱汁。

❹取一个蒸盘，放入冬瓜片，铺整齐，摆上余下的灯笼泡椒。

❺盛入锅中的辣酱汁，浇在冬瓜片上，摊开。

❻中火蒸20分钟至食材熟透，取出，拣出灯笼泡椒，待稍冷却后即可食用。

豆豉炒苦瓜

烹饪时间 8分钟

材料 苦瓜150克，豆豉、蒜末、葱段各少许

调料 盐3克，水淀粉、食用油各适量

做法

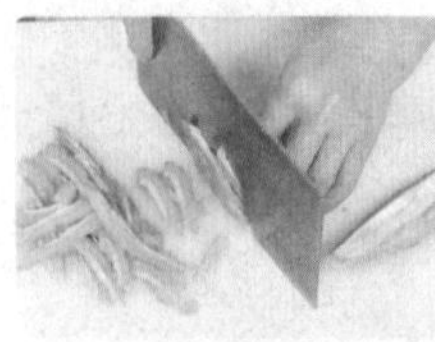

❶洗净的苦瓜切开，去瓜瓤，斜刀切片。

❷锅中注入适量清水烧开，加入2克盐。

❸倒入苦瓜搅匀，煮1分钟至食材八成熟后捞出沥干。

❹用油起锅，放入少许豆豉、蒜末、葱段，爆香。

❺倒入焯煮过的苦瓜，炒匀。

❻加入1克盐，倒入水淀粉，翻炒至食材入味，装盘即可。

辣椒炒茭白

烹饪时间 12分钟

材料 茭白180克，青椒、红椒各20克，姜片、蒜末、葱段各少许

调料 盐3克，鸡粉2克，生抽、水淀粉、食用油各适量

做法

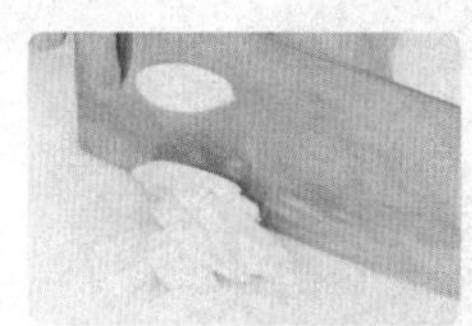

❶将食材洗净，茭白切片，青椒、红椒去籽切小块。

❷锅中注水烧开，加入食用油、2克盐。

❸放入茭白、青椒、红椒，煮约半分钟至断生。

❹将焯煮好的食材捞出，备用。

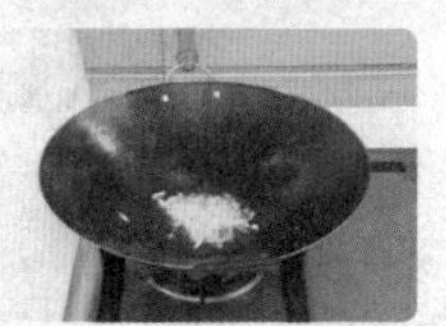

❺用油起锅，放入少许姜片、蒜末、葱段爆香。

❻倒入焯好的食材，炒匀。

❼加入1克盐、鸡粉、生抽，炒匀调味。

❽倒入水淀粉，将锅中食材炒匀。

❾把炒好的食材盛出，装盘即可。

Tips

茭白焯水的时间不要过长，以免影响成品的外观和口感。

豆瓣茄子

烹饪时间
12分钟

材料 茄子300克，红椒40克，姜末、葱花各少许

调料 盐、鸡粉各2克，生抽、水淀粉各5毫升，豆瓣酱15克，食用油适量

做法

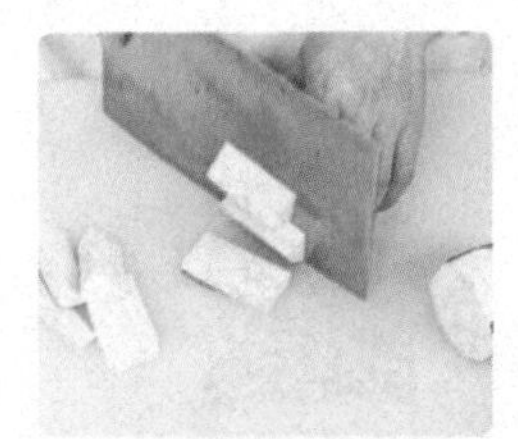

❶洗净去皮的茄子切成条。

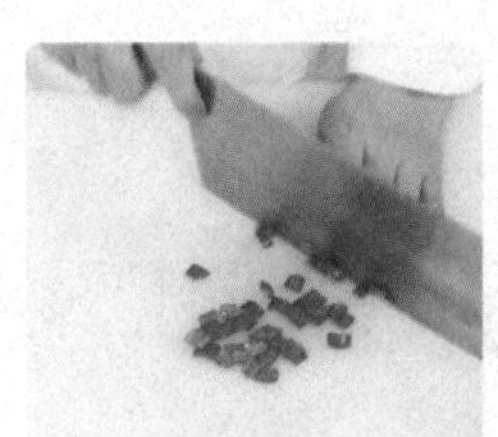

❷洗好的红椒切去头尾，切成粒。

❸热锅中注入食用油，烧至四成热。

❹放入茄子，炸至金黄色。

❺捞出茄子，沥干油，待用。

❻锅底留油，放入姜末、红椒炒香。

❼倒入豆瓣酱，翻炒均匀。

❽ 放入炸好的茄子，加入少许清水，翻炒均匀。

❾放入盐、鸡粉、生抽，炒匀。

❿ 加水淀粉勾芡。

⓫盛出炒好的食材，装入碗中，撒上少许葱花即可。

将切好的茄子放入水中浸泡，待烹饪时再捞起，沥干水分，可避免茄子氧化变黑。

口味茄子煲

烹饪时间
15分钟

材料 茄子200克，大葱70克，朝天椒25克，肉末80克，姜片、蒜末、葱段、葱花各少许

调料 盐、鸡粉各2克，老抽2毫升，生抽、辣椒油、水淀粉各5毫升，豆瓣酱、辣椒酱各10克，椒盐粉1克，食用油适量

做法

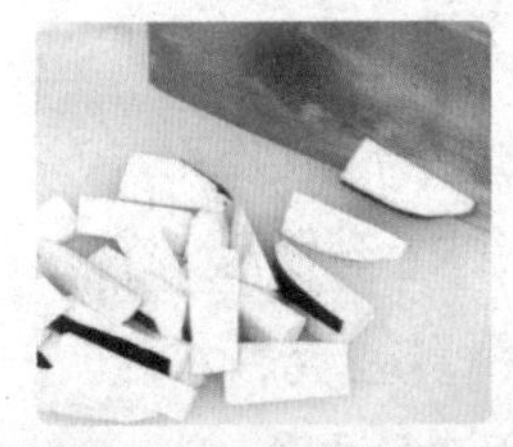

❶将食材洗净；茄子去皮切条；大葱切小段；朝天椒切圈，待用。

❷热锅中注入食用油，烧至五成热，放入茄子，拌匀，炸至金黄色。

❸把炸好的茄子捞出，沥干油。

❹锅底留油，放入肉末炒散，加入适量生抽，炒匀。

❺倒入朝天椒，少许葱段、蒜末、姜片，翻炒均匀。

❻放入大葱，炒匀，倒入茄子，注入适量清水。

❼放入豆瓣酱、辣椒酱、辣椒油，加入椒盐粉。

❽加入老抽、盐、鸡粉炒匀，倒入水淀粉勾芡。

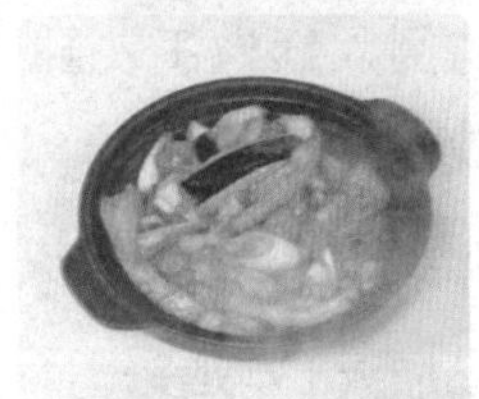

❾盛出炒好的菜肴，放入砂锅中。

❿盖上盖，置于旺火上烧热。

⓫关火后揭盖，放入少许葱花即可。

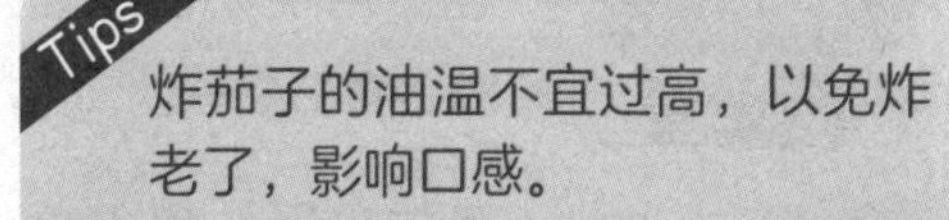

Tips

炸茄子的油温不宜过高，以免炸老了，影响口感。

红椒炒青豆

烹饪时间 12分钟

材料 青豆200克，红椒45克，姜片、蒜末、葱段各少许

调料 盐3克，鸡粉2克，水淀粉、食用油各适量

做法

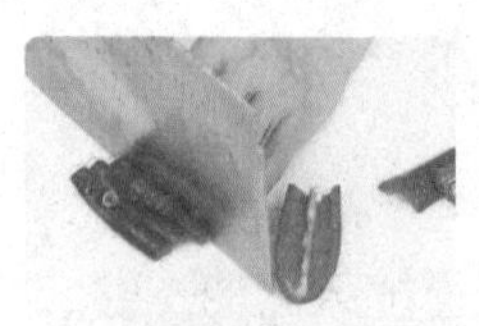

❶红椒洗净去籽，切丁，装盘。

❷锅中注水烧开，放入2克盐、1克鸡粉，加入食用油。

❸倒入洗净的青豆，搅拌均匀，煮约1分30秒。

❹待食材断生后捞出沥干。

❺用油起锅，放入少许姜片、蒜末、葱段爆香。

❻倒入红椒丁，翻炒一会儿。

❼放入焯好的青豆，用中火快速翻炒至食材熟软。

❽加入1克鸡粉、1克盐，炒匀调味，倒入适量水淀粉勾芡。

❾关火后，盛入盘中即成。

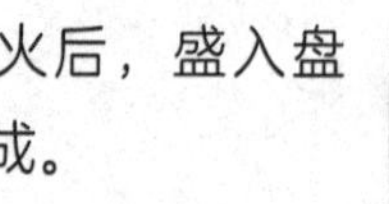

Tips

煮青豆时可以盖上锅盖，这样能缩短焯水的时间。

泡椒杏鲍菇炒秋葵

烹饪时间 12分钟

材料 秋葵75克，口蘑55克，红椒15克，杏鲍菇35克，泡椒30克，姜片少许

调料 盐3克，鸡粉2克，水淀粉、食用油各适量

做法

❶秋葵切块，红椒去籽切段，口蘑、杏鲍菇切小块。

❷锅中注水烧开，放入口蘑拌匀，略煮，倒入杏鲍菇拌匀。

❸放入秋葵，加入食用油、2克盐拌匀，放入红椒。

❹煮一会儿至食材断生后捞出，沥干水分，待用。

❺起油锅，放入少许姜片爆香。

❻倒入泡椒，炒出香辣味。

❼放入焯过水的食材炒匀炒透。

❽加入1克盐、鸡粉、水淀粉，用中火翻炒至食材入味。

❾关火后，盛出装盘即可。

泡椒可以切开后再进行烹饪，这样可使菜肴的味道更佳。

鲜菇烩湘莲

烹饪时间
10分钟

材料 草菇100克
西蓝花150克
胡萝卜50克
水发莲子150克
姜片、葱段各少许

调料 料酒13毫升
盐4克
鸡粉4克
生抽4毫升
蚝油10克
水淀粉5毫升
食用油适量

做法

❶洗净的西蓝花切成小块；洗好的草菇切去根部，切上十字花刀。

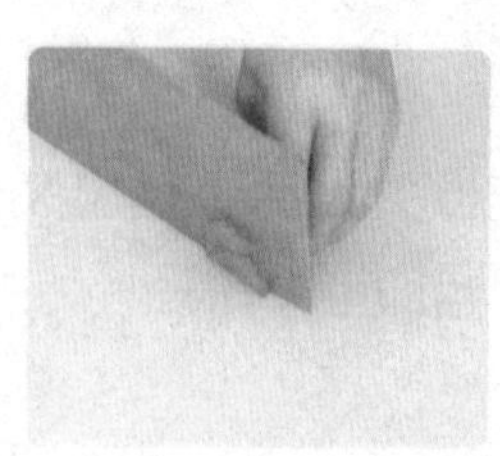

❷去皮的胡萝卜切成花刀，改切片。

❸锅中注水烧开，淋入食用油，放入2克盐、2克鸡粉。

❹倒入5毫升料酒，放入草菇，加入洗净的莲子，搅匀，煮1分钟至其断生。

❺把焯煮好的食材捞出，沥干水分，待用。

❻将西蓝花倒入沸水锅中搅匀，煮半分钟至断生。

❼把焯煮好的西蓝花捞出，沥干水分，装盘备用。

❽用油起锅，放入姜片、葱段爆香。

❾倒入胡萝卜片，炒匀。

❿倒入焯过水的草菇和莲子，淋入8毫升料酒，炒出香味。

⓫放入生抽、2克盐、2克鸡粉炒匀调味，加入清水翻炒片刻。

⓬放入蚝油炒至色泽均匀，淋入水淀粉炒匀。

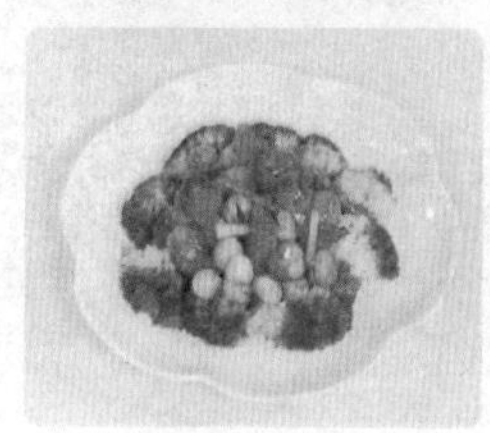

⓭关火后，盛出炒好的食材，放在西蓝花上即可。

草菇如果没炒熟，食用后会引起身体不适，因此一定要烹制熟透后再食用。

扁豆丝炒豆腐干

烹饪时间 12分钟

材料 豆腐干100克，扁豆120克，红椒20克，姜片、蒜末、葱白各少许

调料 盐3克，鸡粉2克，水淀粉、食用油各适量

做法

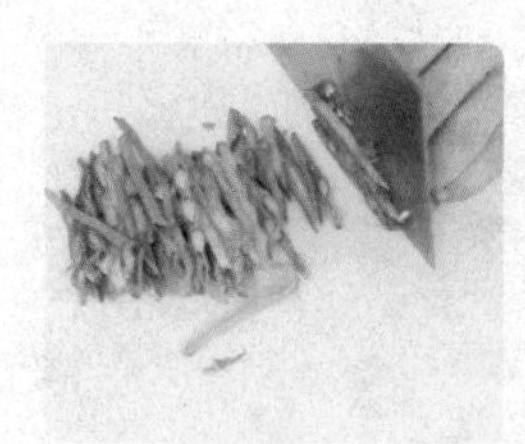

❶将所有食材洗净，豆腐干、扁豆切成丝，红椒去籽切成丝。

❷锅中注入适量清水烧热，放入少许盐、食用油。

❸倒入扁豆搅匀，煮1分钟至其八成熟，捞出待用。

❹热锅注油，烧至四成热，倒入豆腐干轻轻搅动，炸约半分钟。

❺捞出炸好的豆腐干，沥干油，放在盘中待用。

❻用油起锅，放入少许姜片、蒜末、葱白爆香。

❼倒入焯煮好的扁豆，再放入炸好的豆腐干，翻炒片刻。

❽加入盐、鸡粉，炒匀调味，倒入红椒丝，炒匀。

❾倒入适量水淀粉勾芡，炒匀至食材熟透、入味。

❿关火后，盛入盘中即成。

湘煎口蘑

烹饪时间
10分钟

材料 五花肉300克，口蘑180克，朝天椒25克，姜片、蒜末、葱段、香菜段各少许

调料 盐、鸡粉、黑胡椒粉各2克，水淀粉、料酒各10毫升，辣椒酱、豆瓣酱各15克，生抽5毫升，食用油适量

做法

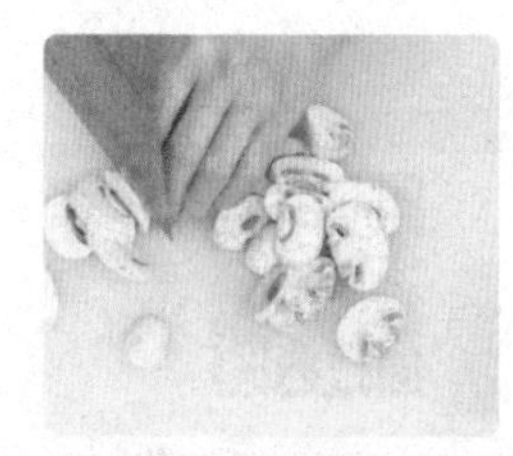

❶将所有食材洗净，口蘑、五花肉切片，朝天椒切圈。

❷锅中注水烧开，放入口蘑拌匀，加入5毫升料酒，煮1分钟。

❸将焯煮好的口蘑捞出，沥干待用。

❹用油起锅，放入五花肉炒匀，淋入剩余料酒炒香。

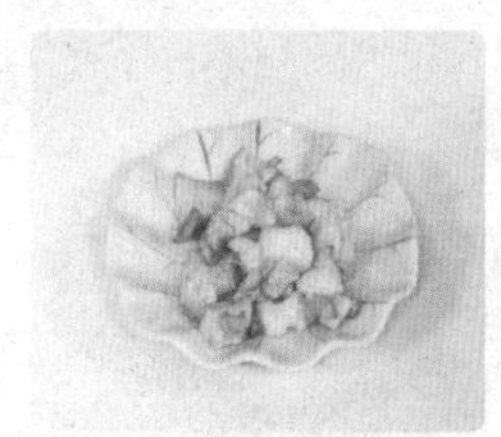

❺将炒好的五花肉盛出，待用。

❻锅底留油，倒入口蘑，煎出香味。

❼放入蒜末、姜片、葱段炒香，倒入五花肉，炒匀。

❽放入朝天椒、豆瓣酱、生抽、辣椒酱，炒匀。

❾加少许清水，炒匀，放入盐、鸡粉、黑胡椒粉，炒匀。

❿倒水淀粉勾芡。

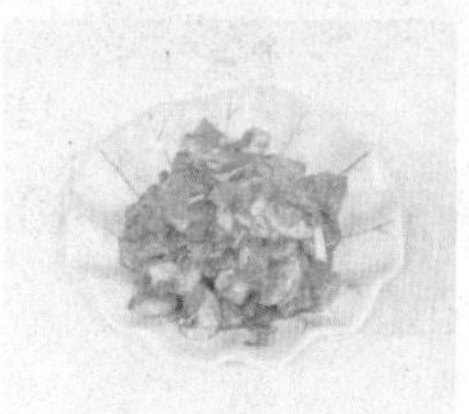

⓫关火后盛入盘中，撒入少许香菜段。

Tips

清洗口蘑时，可放在水龙头下冲洗一会儿，这样可以去除菌盖下的杂质。

湖南夫子肉

烹饪时间
185分钟

材料 香芋400克，五花肉350克，蒜末、葱花各少许

调料 盐、鸡粉各3克，蒸肉粉80克，食用油适量

做法

❶洗净去皮的香芋切片。

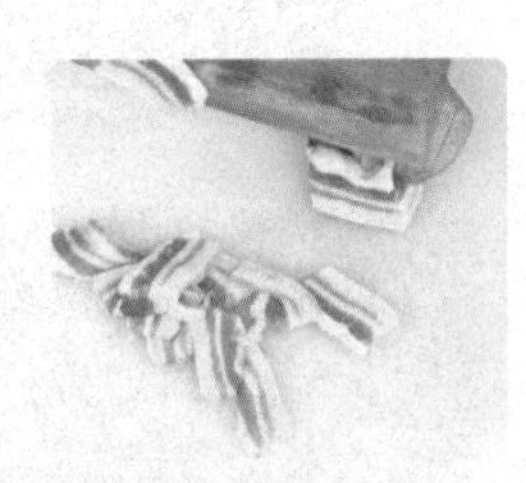

❷将洗好的五花肉切成片。

❸热锅注油，烧至五成热，放入香芋，搅拌均匀，炸出香味。

❹捞出炸好的香芋，沥干油。

❺锅留底油，放五花肉，炒至变色。

❻放蒜末，炒香。

❼倒入炸好的香芋。

❽放入一部分蒸肉粉，翻炒均匀。

❾加入盐、鸡粉，倒入剩余的蒸肉粉，翻炒匀。

❿盛出炒好的食材，装入盘中。

⓫将食材放入蒸锅中，盖上盖，用小火蒸3小时。

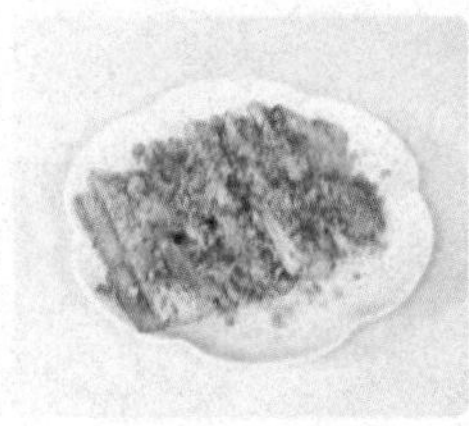

⓬揭盖，把蒸好的香芋五花肉取出，撒上少许葱花，淋上少许热油即可。

茶树菇炒五花肉

烹饪时间 15分钟

材料 茶树菇90克
五花肉200克
红椒40克
姜片、蒜末、葱段各少许

调料 盐2克
生抽5毫升
鸡粉2克
料酒10毫升
水淀粉5毫升
豆瓣酱15克
食用油适量

做法

❶洗净的红椒切开，去籽，切成小块。

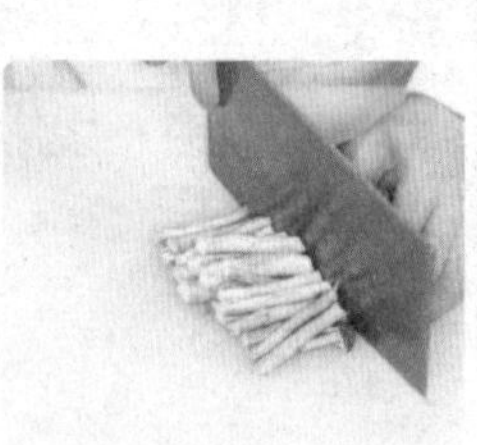

❷洗好的茶树菇切去根部，切成段。

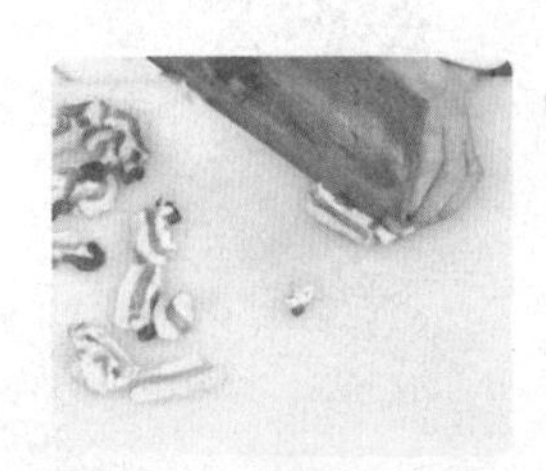

❸洗净的五花肉切成片。

❹锅中注入清水烧开，放入1克盐、1克鸡粉、食用油。

❺倒入茶树菇，拌匀，煮1分钟。

❻捞出焯煮好的茶树菇，沥干水分，备用。

❼用油起锅，放入五花肉，炒匀。

❽加生抽炒匀。

❾倒入豆瓣酱炒匀。

❿放入姜片、蒜末、葱段，炒香。

⓫淋入料酒，炒匀提味。

⓬放入茶树菇、红椒，炒匀。

⓭加入1克盐、1克鸡粉、水淀粉，炒匀。

⓮关火后，盛出炒好的菜肴即可。

佛手瓜炒肉片

烹饪时间
14分钟

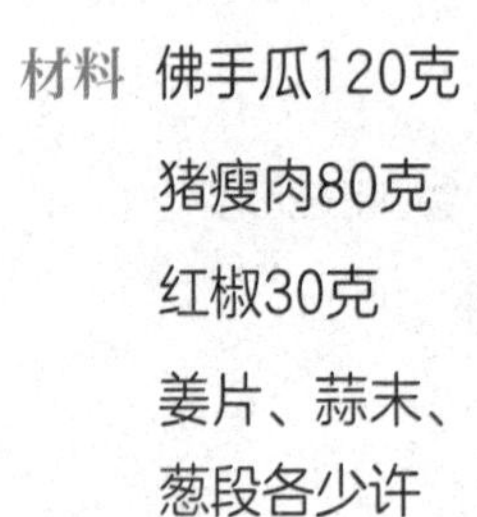

材料 佛手瓜120克
猪瘦肉80克
红椒30克
姜片、蒜末、葱段各少许

调料 盐3克
鸡粉2克
食粉少许
生粉7克
生抽3毫升
水淀粉、食用油各适量

做法

❶洗净去皮的佛手瓜对半切开，去核切片。

❷猪瘦肉切片。

❸洗净的红椒切开，去籽，切小块。

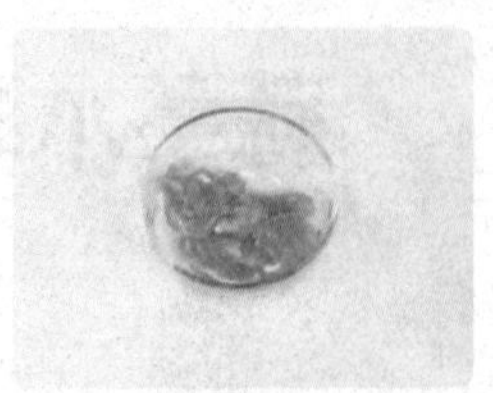

❹把肉片装碗。

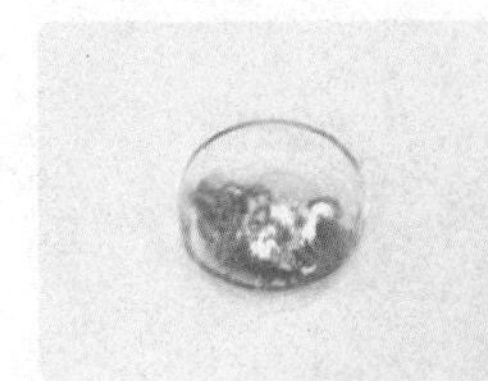

❺加入1克盐、少许食粉，撒上生粉，倒入适量食用油。

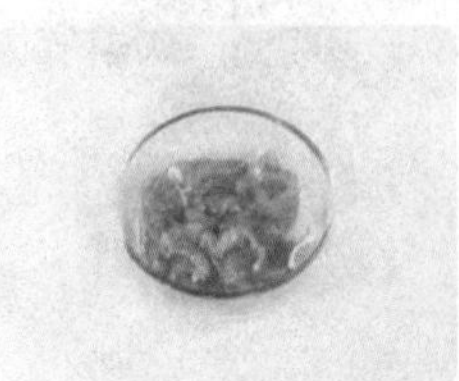

❻拌匀，腌渍约10分钟至食材入味。

❼锅中注入食用油烧热，倒入腌渍好的肉片。

❽略微翻炒一会儿至肉质松散、变色，滴上生抽。

❾关火后，盛放在小碗中，备用。

❿用油起锅，放入少许姜片、蒜末、葱段，爆香。

⓫倒入佛手瓜片，翻炒一会儿。

⓬加入2克盐、鸡粉，炒匀调味。

⓭注入少许清水，快速翻炒片刻至其熟软。

⓮倒入炒好的肉片，炒匀。

⓯撒上红椒块炒至断生，用适量水淀粉勾芡。

⓰关火后，盛出炒好的食材，装盘。

蒜薹木耳炒肉丝

烹饪时间 13分钟

材料 蒜薹300克
猪瘦肉200克
彩椒50克
水发木耳40克

调料 盐3克
鸡粉2克
生抽6毫升
水淀粉、食用油各适量

做法

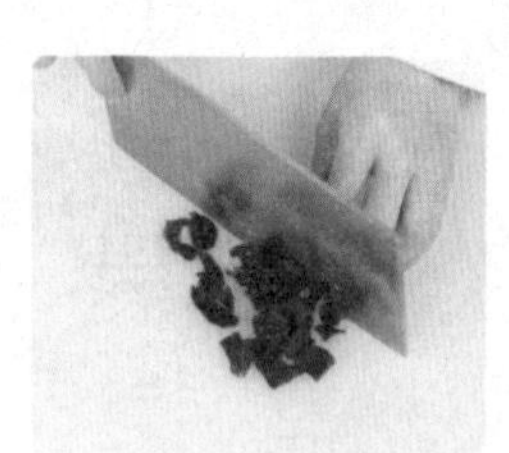

❶木耳洗净切小块。

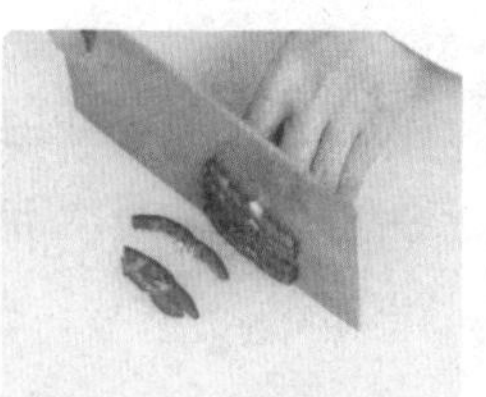

❷彩椒洗净切粗丝。

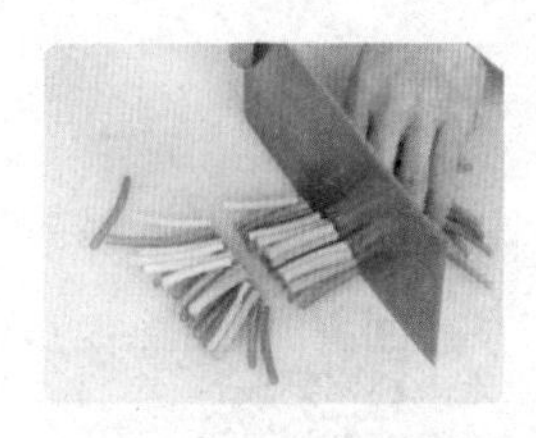
❸蒜薹洗净切段。

❹洗好的猪瘦肉切片，改切成丝。

❺把肉丝装入碗中，放入1克盐、1克鸡粉、水淀粉，搅拌均匀至上浆。

❻注入食用油腌渍10分钟至其入味。

❼锅中注水烧开，放入食用油、1克盐。

❽倒入蒜薹段、木耳块搅匀，转大火焯煮约半分钟。

❾撒上彩椒丝，中火煮至食材断生。

❿捞出焯好的材料，沥干待用。

⓫用油起锅，倒入腌渍好的肉丝。

⓬大火快炒至其松散，淋入生抽，炒匀提味。

⓭倒入焯过的材料，中火炒至食材熟软。

⓮转小火，加入1克鸡粉、1克盐炒匀调味。

⓯淋入水淀粉，用中火快速炒匀。

⓰关火后，盛入盘中即成。

银耳炒肉丝

烹饪时间
14分钟

材料 水发银耳200克，瘦肉200克，红椒30克，姜片、蒜末、葱段各少许

调料 料酒4毫升，生抽3毫升，盐、鸡粉、水淀粉、食用油各适量

做法

❶银耳切去根部，切小块；洗净的瘦肉切丝；洗好的红椒去籽切丝。

❷把瘦肉丝装入碗中，放入盐、鸡粉、水淀粉抓匀。

❸注入适量食用油，腌渍10分钟至入味。

❹锅中注水烧开，加入少许食用油、盐，倒入银耳搅匀，煮至沸腾。

❺把焯过水的银耳捞出，待用。

❻用油起锅，放入姜片、蒜末爆香。

❼倒入腌好的瘦肉丝，炒至松散，加入适量料酒炒至肉丝变色。

❽倒入焯好的银耳炒匀，放入红椒丝，炒匀。

❾加入盐、鸡粉、生抽，炒匀调味，倒入水淀粉勾芡。

❿撒上少许葱段，把锅中食材翻炒均匀，关火后盛出。

西蓝花炒火腿

烹饪时间
8分钟

材料 西蓝花150克
火腿肠1根
红椒20克
姜片、蒜末、
葱段各少许

调料 料酒4毫升
盐2克
鸡粉2克
水淀粉3毫升
食用油适量

做法

❶洗净的西蓝花切成小块。

❷洗好的红椒斜切成小块。

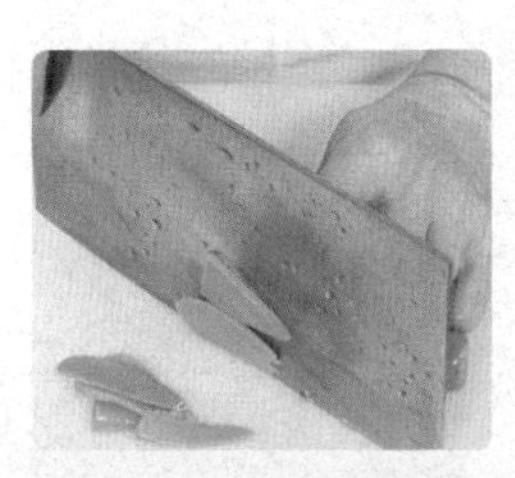

❸火腿肠去除外包装，切成片。

❹锅中注入清水烧开，放入食用油。

❺倒入西蓝花，搅匀，煮1分钟。

❻把焯过水的西蓝花捞出，备用。

❼用油起锅，倒入少许姜片、蒜末、葱段，爆香。

❽放入切好的红椒块，翻炒。

❾倒入切好的火腿肠，炒香。

❿放入焯好的西蓝花，炒匀。

⓫放入料酒、盐、鸡粉，炒匀调味。

⓬倒入水淀粉。

⓭将锅中食材翻炒均匀。

⓮把炒好的菜肴盛出，装盘即可。

芝麻辣味炒排骨

烹饪时间 18分钟

材料 白芝麻8克
猪排骨500克
干辣椒、葱花、蒜末各少许

调料 生粉20克
豆瓣酱15克
盐3克
鸡粉3克
料酒15毫升
辣椒油4毫升
食用油适量

做法

❶将洗净的猪排骨装入碗中，放入少许盐、鸡粉。

❷放入5毫升料酒、豆瓣酱，用手抓匀。

❸撒入生粉，抓匀，使猪排骨裹匀生粉。

❹热锅注油，烧至五成热。

❺倒入腌渍好的猪排骨，搅散，炸至金黄色。

❻捞出炸好的猪排骨，沥干油。

❼锅底留油，倒入少许蒜末、干辣椒炒香。

❽放入炸好的猪排骨，淋入10毫升料酒、辣椒油，炒匀调味。

❾撒入少许葱花，快速翻炒均匀。

❿放入白芝麻。

⓫快速翻炒片刻，炒出香味，关火后，盛出即可。

Tips

排骨放入油锅后要搅散，以免粘在一起。

猪肝熘丝瓜

烹饪时间
14分钟

材料 丝瓜100克
猪肝150克
红椒25克
姜片、蒜末、葱段各少许

调料 盐3克
鸡粉2克
生抽3毫升
料酒6毫升
水淀粉、食用油各适量

做法

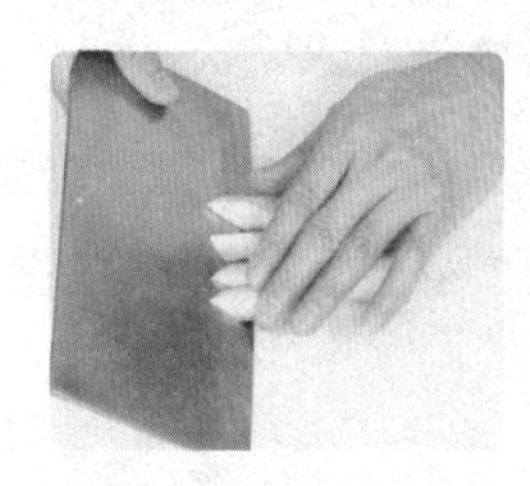

❶洗净去皮的丝瓜切成小块。

❷洗好的红椒切开去籽，切成片。

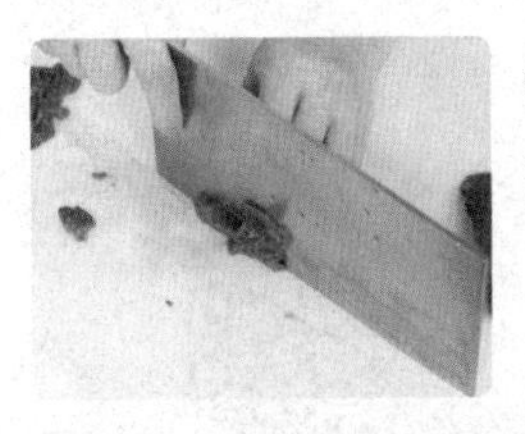
❸洗净的猪肝切成薄片。

❹把猪肝片放在碗中，加入1克盐、1克鸡粉，淋入料酒。

❺倒入水淀粉拌匀，腌渍10分钟。

❻锅中注入清水，用大火烧开，倒入腌好的猪肝片。

❼搅拌均匀，煮约1分钟，捞出。

❽沥干水分，放在盘中，待用。

❾用油起锅，放姜片、蒜末爆香。

❿倒入汆好的猪肝片，翻炒均匀。

⓫放入丝瓜块、红椒片，炒匀炒透。

⓬淋入料酒、生抽，加入2克盐、1克鸡粉。

⓭快速炒匀至食材入味。

⓮注入适量清水，收拢食材，略煮片刻，倒入适量水淀粉，炒匀。

⓯撒上葱段，用大火快速翻炒至菜肴散发出葱香味。

⓰关火后，盛入盘中即成。

小笋炒牛肉

烹饪时间
15分钟

材料 竹笋90克，牛肉120克，青椒、红椒各25克，姜片、蒜末、葱段各少许

调料 盐3克，鸡粉2克，生抽6毫升，食粉、料酒、水淀粉、食用油各适量

做法

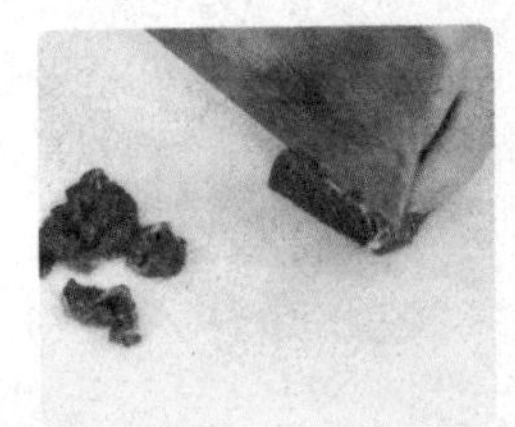

❶将所有食材洗净，竹笋切片，红椒、青椒去籽切小块，牛肉切片。

❷ 把牛肉片装入碗中，加入食粉、3毫升生抽、1克盐、1克鸡粉。

❸倒入水淀粉抓匀，注入适量食用油，腌渍10分钟至入味。

❹锅中倒水烧开，放入竹笋、食用油、1克盐、少许鸡粉搅匀，煮约半分钟。

❺倒入青椒、红椒搅匀，续煮半分钟至其断生。

❻将焯煮好的材料捞出，装盘待用。

❼用油起锅，放入少许姜片、蒜末、葱段爆香。

❽倒入牛肉片炒匀，淋入适量的料酒，炒香。

❾倒入焯好的竹笋、青椒、红椒。

❿加入生抽、1克盐、剩余鸡粉，炒匀调味。

⓫倒入水淀粉，翻炒均匀至全部食材熟透、入味。

⓬关火，将炒好的材料盛盘即可。

黄瓜炒牛肉

烹饪时间
15分钟

材料 黄瓜150克
牛肉90克
红椒20克
姜片、蒜末、葱段各少许

调料 盐3克
鸡粉2克
生抽5毫升
食粉、水淀粉、料酒、食用油各适量

做法

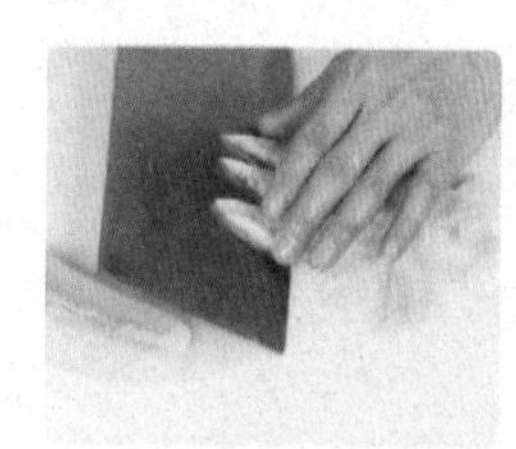

❶洗净的黄瓜去皮，切小块。

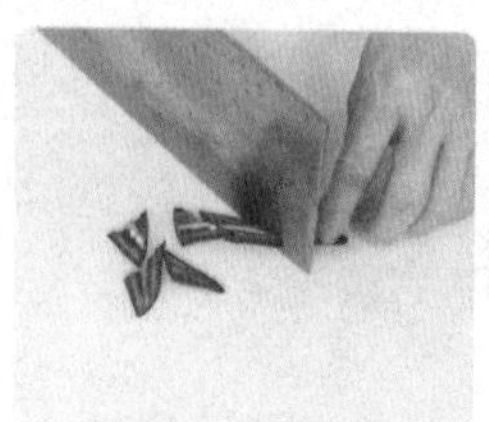

❷洗净的红椒切成小块。

❸洗净的牛肉切片。

❹把牛肉片装入碗中，放入食粉、2毫升生抽、1克盐，抓匀。

❺放入适量水淀粉，抓匀。

❻注入适量食用油，腌渍10分钟至牛肉片入味。

❼热锅注油，烧至四成热，放入牛肉片，搅散，滑油至变色。

❽把牛肉片捞出，待用。

❾锅底留油，放入少许姜片、蒜末、葱段，爆香。

❿倒入红椒、黄瓜，炒匀。

⓫放入牛肉片，淋入适量料酒炒香。

⓬加入2克盐、鸡粉、3毫升生抽，炒匀调味。

⓭倒入适量水淀粉勾芡。

⓮将炒好的食材盛入盘中即可。

葱烧牛舌

烹饪时间
18分钟

材料 牛舌150克，葱段25克，姜片、蒜末、红椒圈各少许

调料 盐3克，鸡粉3克，生抽4毫升，料酒5毫升，水淀粉、食用油各适量

做法

❶锅中注水烧开，放入洗净的牛舌，搅匀，煮约2分钟至其断生。

❷捞出沥干，置于凉水中泡一会儿。

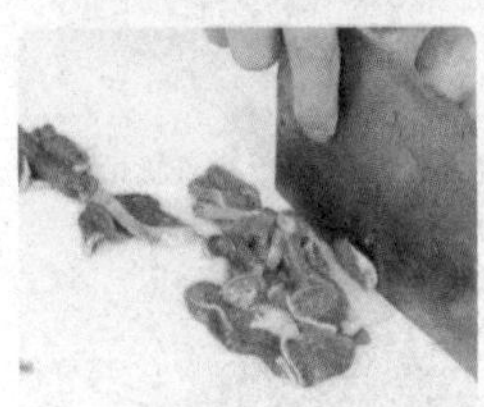

❸捞出，去掉牛舌表面的薄膜，切成薄片。

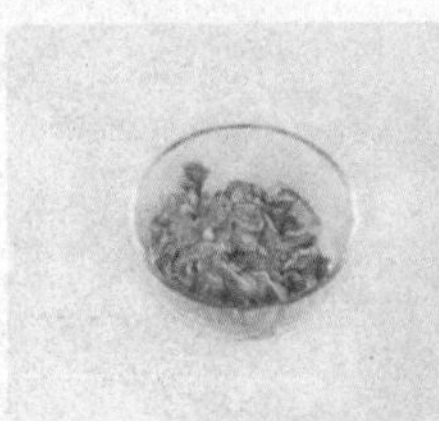

❹把牛舌片放在碗中，淋入2毫升生抽，加入1克鸡粉、1克盐，倒入水淀粉，拌匀。

❺注入食用油，腌渍10分钟至食材入味，待用。

❻用油起锅，放入姜片、蒜末、红椒圈，用大火爆香。

❼倒入腌好的牛舌片，快速翻炒。

❽淋入料酒，炒香、炒透，倒入2毫升生抽，翻炒均匀。

❾加入2克盐、2克鸡粉，翻炒一会儿至全部食材熟透。

❿撒上葱段，翻炒出葱香味，盛出装盘即可。

左宗棠鸡

烹饪时间
15分钟

材料 鸡腿250克，鸡蛋1个，姜片、干辣椒、蒜末、葱花各少许

调料 辣椒油5毫升，鸡粉3克，盐3克，白糖4克，料酒10毫升，生粉30克，白醋、食用油各适量

做法

❶处理干净的鸡腿切开，去除骨头，切成小块。

❷把鸡肉装入碗中，放入1克盐、1克鸡粉、5毫升料酒。

❸鸡蛋取蛋黄倒入碗中，搅拌片刻，再倒入生粉搅匀。

❹热锅注油，烧至六成热，倒入鸡肉。

❺快速搅散，炸至金黄色。

❻将炸好的鸡肉捞出，沥干油。

❼锅底留油，放入少许蒜末、姜片、干辣椒，爆香。

❽倒入鸡肉，淋入5毫升料酒，炒匀提鲜。

❾放入辣椒油，加入2克盐、2克鸡粉、白糖，翻炒片刻。

❿淋入适量白醋，倒入少许葱花。

⓫持续翻炒片刻，使其更入味。

⓬将炒好的鸡肉盛出，装碗即可。

双椒鸡丝

烹饪时间
13分钟

材料 鸡胸肉250克，青椒75克，彩椒35克，红小米椒25克，花椒少许

调料 盐2克，鸡粉、胡椒粉各少许，料酒6毫升，水淀粉、食用油各适量

做法

❶洗净的青椒去籽，切细丝；洗好的彩椒切细丝。

❷洗净的红小米椒切小段；洗好的鸡胸肉切细丝。

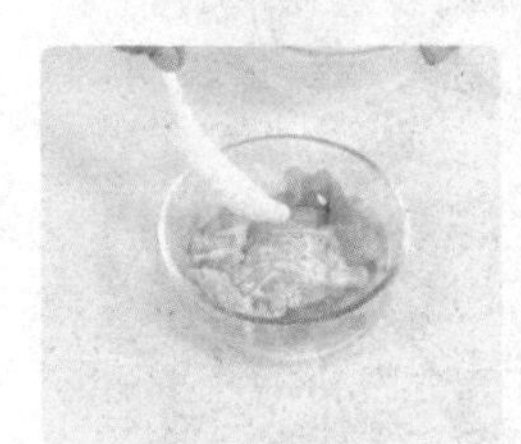

❸把鸡肉丝装入碗中，加入1克盐、3毫升料酒、水淀粉，腌渍约10分钟。

❹用油起锅，倒入鸡肉丝翻炒匀，至其变色。

❺撒上少许备好的花椒，炒出香味。

❻放入红小米椒炒匀，淋入剩余料酒，炒出辣味。

❼倒入青椒丝、彩椒丝，大火炒至食材变软。

❽加1克盐、少许鸡粉，撒上胡椒粉。

❾用水淀粉勾芡。

❿关火后，盛入盘中即成。

扁豆鸡丝

烹饪时间
14分钟

材料 扁豆100克
鸡胸肉180克
红椒20克
姜片、蒜末、
葱段各少许

调料 料酒3毫升
盐、鸡粉、水
淀粉、食用油
各适量

做法

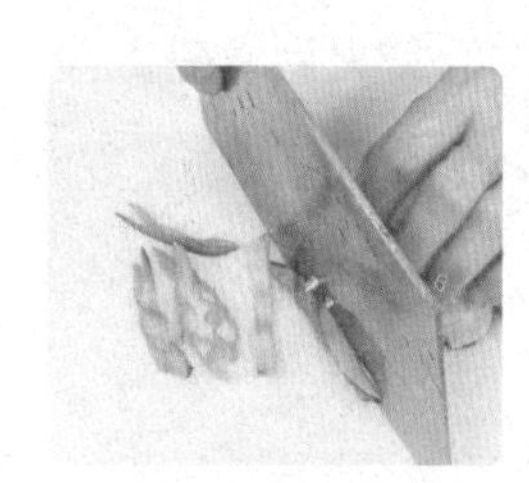

❶择洗干净的扁豆切丝。

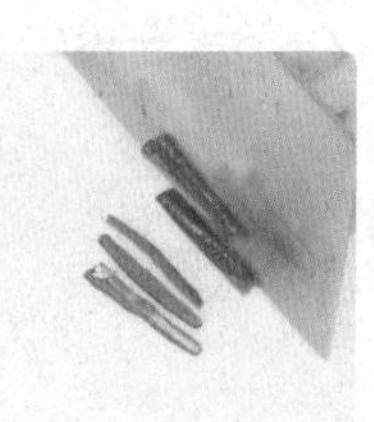

❷洗好的红椒去籽，切丝。

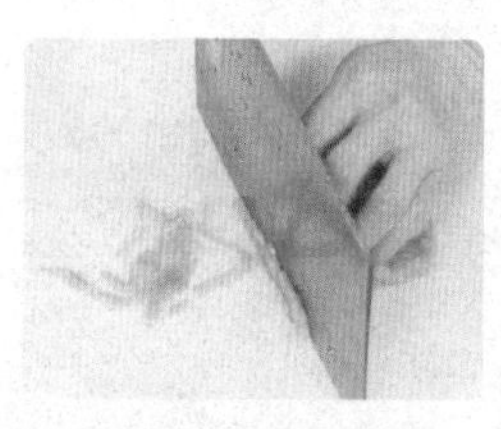

❸将洗净的鸡胸肉切丝。

❹把鸡肉丝装入碗中，放盐、鸡粉、水淀粉，抓匀。

❺倒入适量食用油，腌渍10分钟至入味。

❻锅中注水烧开，放入适量食用油、盐，搅匀。

❼倒入扁豆、红椒，搅拌，煮半分钟至其断生。

❽把焯过水的扁豆和红椒捞出。

❾用油起锅，倒入少许姜片、蒜末、葱段，爆香。

❿倒入腌好的鸡肉丝，炒至松散。

⓫淋入料酒，翻炒至鸡肉丝变色。

⓬倒入焯好的扁豆和红椒，炒均。

⓭放入盐、鸡粉，炒匀调味。

⓮淋入水淀粉。

⓯将锅中食材翻炒均匀。

⓰把炒好的菜盛出，装盘即可。

鸡丁萝卜干

烹饪时间
17分钟

材料 鸡胸肉150克
萝卜干160克
红椒片30克
姜片、蒜末、葱段各少许

调料 盐3克
鸡粉2克
料酒5毫升
水淀粉、食用油各适量

做法

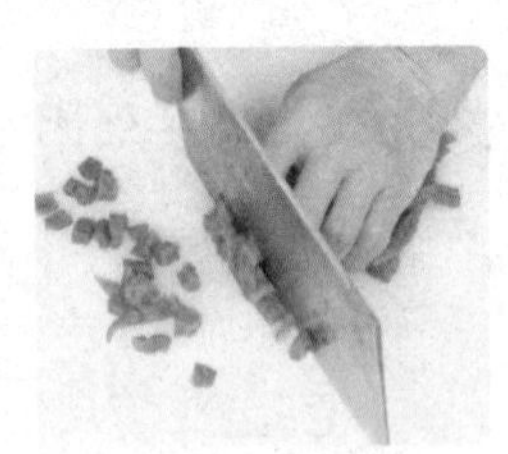

❶洗好的萝卜干切成丁。

❷洗净的鸡胸肉切成丁。

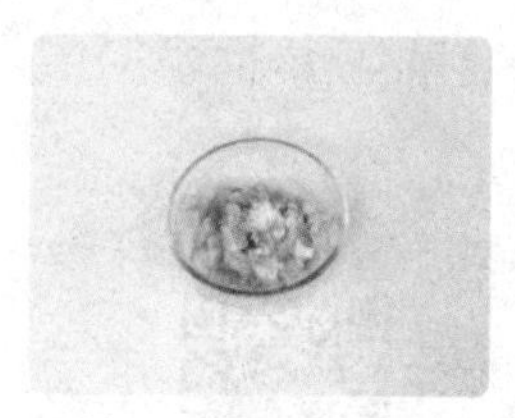

❸把鸡肉丁放在碗中，加1克盐、1克鸡粉。

❹倒入适量水淀粉，搅拌均匀。

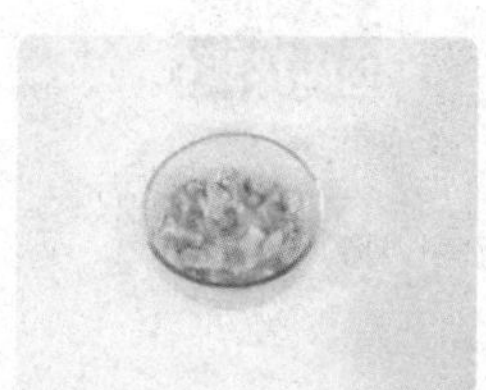

❺注入食用油，腌渍10分钟至入味。

❻锅中注入约600毫升清水烧开。

❼倒入萝卜丁，焯煮约2分钟。

❽捞出焯好的萝卜干，沥干水分，放在盘中，待用。

❾用油起锅，放入姜片、蒜末、葱段，用大火爆香。

❿倒入腌渍好的鸡肉丁。

⓫翻炒片刻至食材转色。

⓬加入料酒，炒香、炒透。

⓭放入焯好的萝卜丁，倒入红椒片。

⓮快速翻炒片刻至全部食材熟透。

⓯转小火，加入2克盐、1克鸡粉，翻炒匀调味。

⓰关火后，盛入盘中即成。

魔芋炖鸡腿

烹饪时间
22分钟

材料 魔芋150克，鸡腿180克，红椒20克，姜片、蒜末、葱段各少许

调料 老抽2毫升，豆瓣酱5克，生抽、料酒、盐、鸡粉、水淀粉、食用油各适量

做法

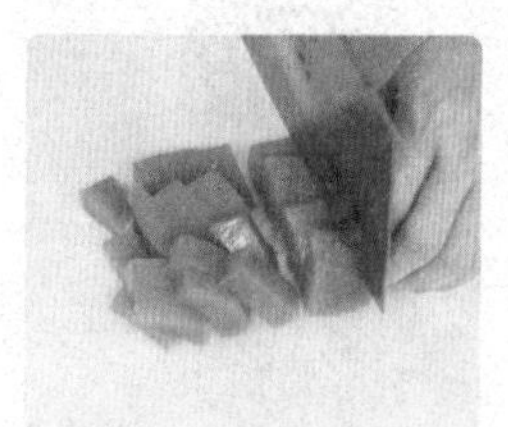

❶将食材都洗净，魔芋、红椒切小块，鸡腿斩小块。

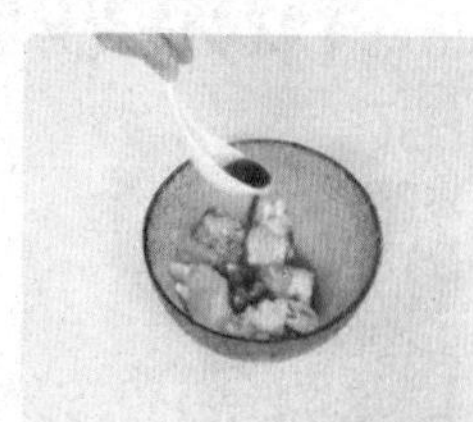

❷鸡腿块装碗，加生抽、料酒、盐、鸡粉、水淀粉抓匀，腌渍10分钟。

❸锅中注水烧开，放入适量盐，倒入切好的魔芋搅匀，煮1分30秒。

❹将煮好的魔芋捞出，待用。

❺用油起锅，放入少许姜片、蒜末、葱段爆香，倒入鸡腿块炒至变色。

❻加入适量生抽、料酒炒出香味，放入盐、鸡粉炒匀。

❼注入清水，放入魔芋搅匀，加入老抽、豆瓣酱炒匀。

❽盖上盖，转小火炖3分钟，至食材熟透入味。

❾揭开盖，放入红椒块，拌煮均匀。

❿用大火收汁，淋入适量水淀粉，将锅中食材炒匀。

⓫盛出煮好的食材，装入碗中，撒上少许葱段即可。

Tips

将切好的鸡腿放入开水中汆煮一会，去除腥味和鸡腿表面的杂质后再腌渍，口感会更好。

榨菜炒鸭胗

烹饪时间 15分钟

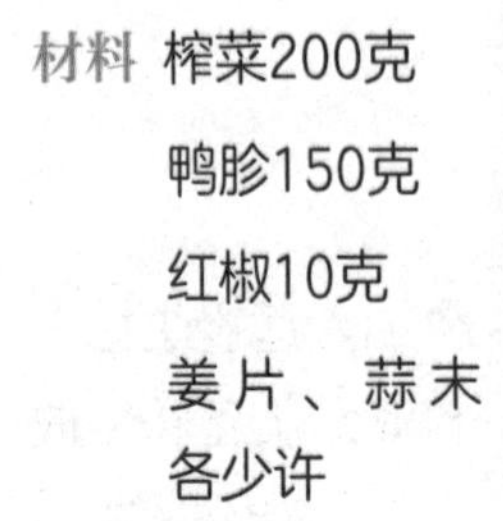

材料 榨菜200克
鸭胗150克
红椒10克
姜片、蒜末各少许

调料 盐2克
鸡粉2克
白糖3克
蚝油4克
食粉少许
料酒5毫升
水淀粉、食用油各适量

做法

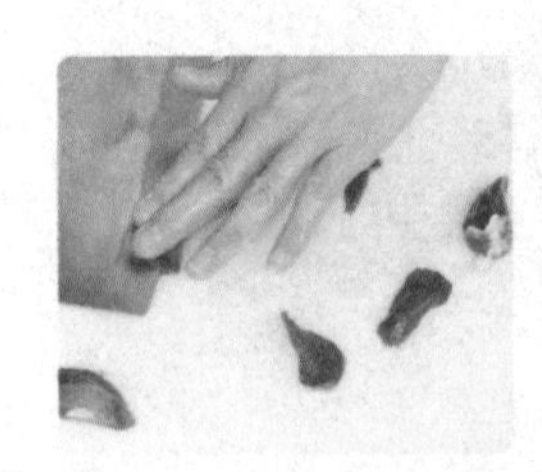

❶洗净的鸭胗切开，去内膜，切片。

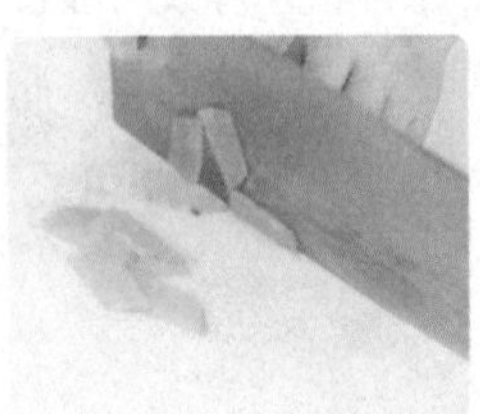

❷洗净的榨菜切薄片。

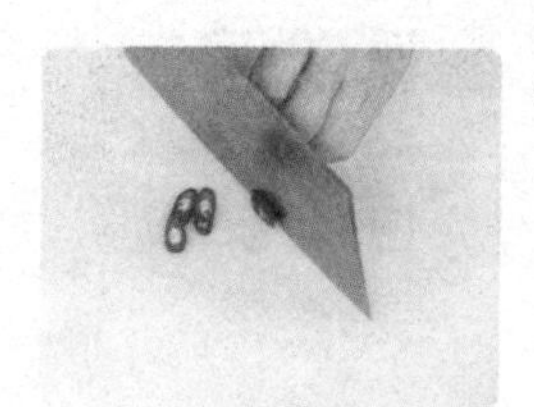

❸洗净的红椒切圈。

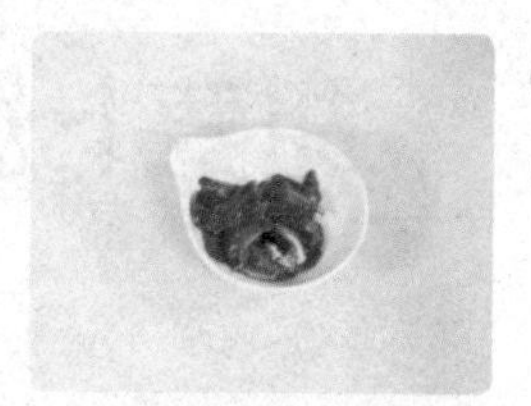

❹把鸭胗片放在碗中，撒少许食粉。

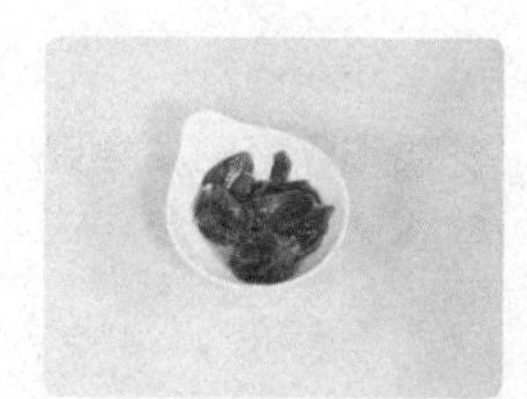

❺加入1克盐、1克鸡粉，倒入水淀粉拌匀。

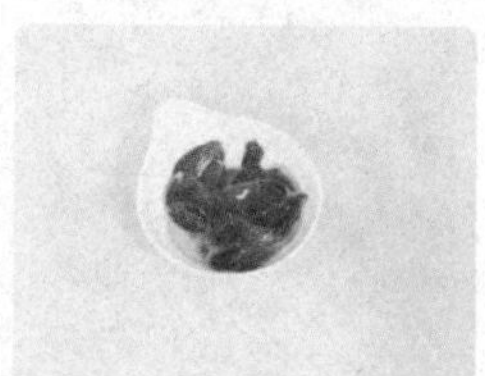

❻注入食用油，腌渍10分钟至入味。

❼锅中注水烧开，倒入榨菜，搅匀，焯煮一会儿。

❽捞出焯好的榨菜，沥干待用。

❾用油起锅，放入少许姜片、蒜末，用大火爆香。

❿倒入腌好的鸭胗片翻炒至松散。

⓫淋入料酒，炒香、炒透。

⓬倒入焯好的榨菜炒匀，放入切好的红椒。

⓭加入1克盐、1克鸡粉、白糖、蚝油。

⓮快速翻炒至食材入味。

⓯倒入少许水淀粉勾芡。

⓰关火后盛入盘中即成。

胡萝卜炒鸡肝

烹饪时间 16分钟

材料 鸡肝200克
胡萝卜70克
芹菜65克
姜片、蒜末、
葱段各少许

调料 盐3克
鸡粉3克
料酒8毫升
水淀粉3毫升
食用油适量

做法

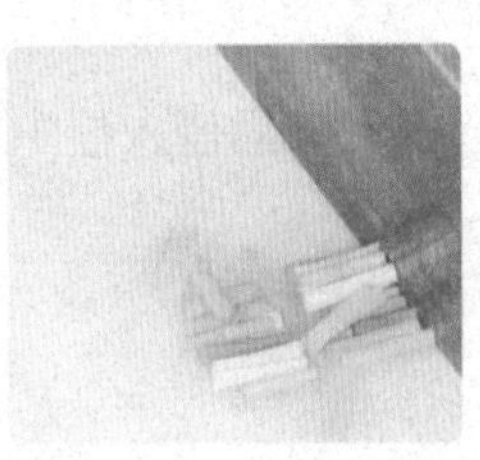

❶芹菜洗净切段。

❷去皮洗好的胡萝卜切成条。

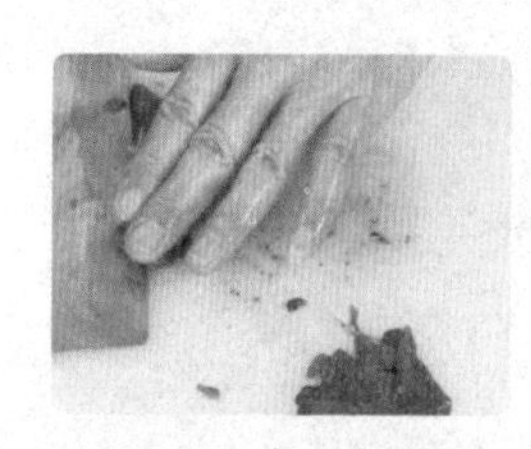

❸鸡肝洗净切片。

❹把鸡肝片装入碗中，放入1克盐、1克鸡粉、料酒。

❺抓匀，腌渍10分钟至入味。

❻锅中注入清水烧开，加入少许盐。

❼放入胡萝卜，焯煮至八成熟。

❽将焯煮好的胡萝卜捞出，备用。

❾把鸡肝片倒入沸水锅中，汆煮。

❿把汆过水的鸡肝片捞出待用。

⓫用油起锅，放入少许姜片、蒜末、葱段，爆香。

⓬倒入汆好的鸡肝片，淋入料酒，炒出香味。

⓭倒入胡萝卜、芹菜，炒匀。

⓮加入2克盐、2克鸡粉，炒匀调味。

⓯倒入水淀粉勾芡。

⓰将炒好的食材盛出，装盘即可。

黄焖仔鹅

烹饪时间
20分钟

材料 鹅肉600克
嫩姜120克
红椒1个
姜片、蒜末、葱段各少许

调料 盐3克
鸡粉3克
生抽、老抽各少许
黄酒、水淀粉、食用油各适量

做法

❶将洗净的红椒对半切开，去籽，切小块。

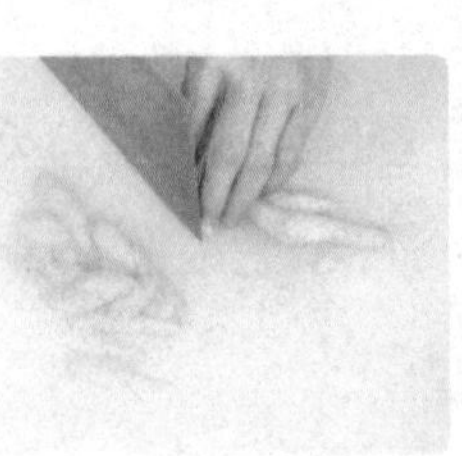

❷洗净嫩姜切片。

❸锅中注入适量清水烧开，放入嫩姜，煮1分钟。

❹将嫩姜捞出，放入盘中，待用。

❺把洗净的鹅肉倒入沸水锅中，搅匀，汆去血水。

❻把鹅肉捞出，盛入盘中，待用。

❼用油起锅，放入蒜末、姜片爆香，放入嫩姜炒匀。

❽倒入汆过水的鹅肉，炒匀。

❾加入盐、鸡粉、少许生抽、适量黄酒，炒匀调味。

❿倒入清水，放入少许老抽，炒匀。

⓫盖上盖，用小火焖5分钟。

⓬揭盖，拌匀，放入红椒，倒入适量水淀粉拌匀。

⓭盛出锅中的食材，装入盘中，放入少许葱段即可。

将鹅肉用中火煸炒至皮泛黄后再淋入料酒翻炒匀，能提高鹅肉的口感。

青笋海鲜香锅

烹饪时间
18分钟

材料 莴笋150克，豆腐皮100克，蟹柳80克，火腿肠70克，鱿鱼须45克，花椒、姜片、蒜末、葱段各少许

调料 豆瓣酱12克，火锅底料15克，鸡粉少许，料酒3毫升，生抽6毫升，辣椒油8毫升，食用油适量

做法

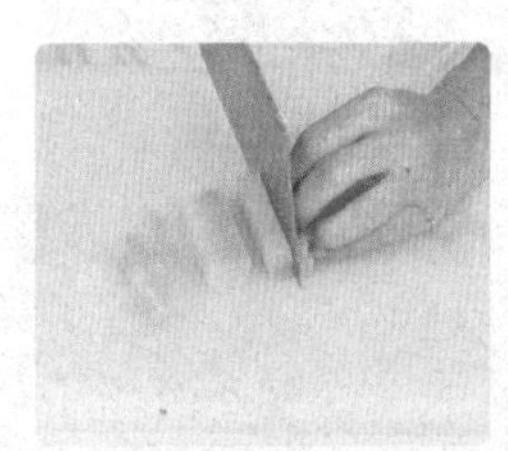

❶去皮洗净的莴笋切条形。

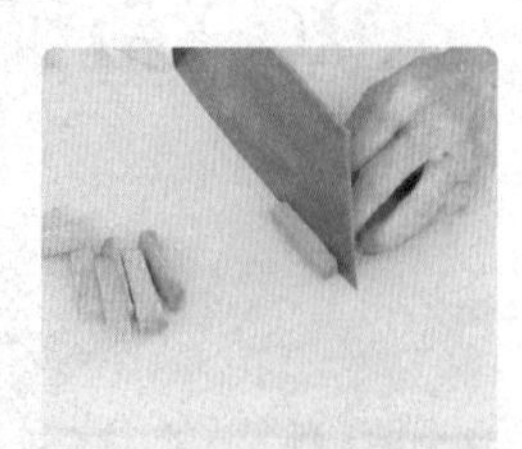

❷火腿肠切条形。

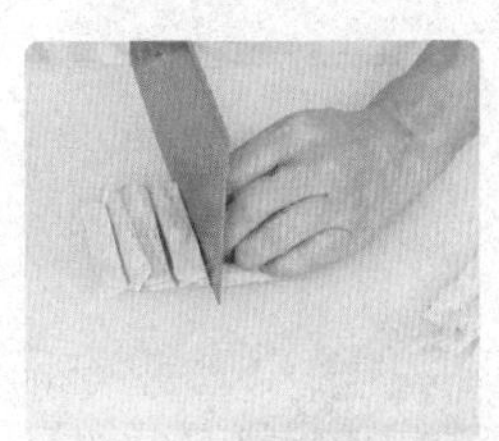

❸洗好的豆腐皮划开，切粗丝。

❹用油起锅，倒入花椒、姜片、蒜末、葱段，爆香。

❺加入豆瓣酱，炒出香味，倒入火锅底料，炒匀。

❻注入适量清水，拌匀，放入洗净的鱿鱼须、蟹柳。

❼倒入火腿肠、豆腐皮、莴笋炒匀，用大火煮沸。

❽盖上盖，转中小火，煮15分钟至食材熟透。

❾揭盖，加入鸡粉，淋入生抽、料酒、辣椒油拌匀。

❿转中火，再煮一小会至汤汁入味。

⓫关火后，盛出焖煮好的菜肴，装入碗中即可。

Tips

鱿鱼须先用少许料酒腌渍一下，这样能减轻菜肴的腥味。

火焙鱼焖大白菜

烹饪时间 15分钟

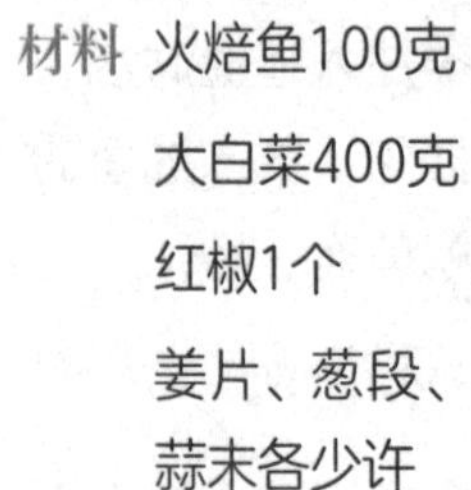

材料 火焙鱼100克
大白菜400克
红椒1个
姜片、葱段、蒜末各少许

调料 盐3克
鸡粉3克
料酒、生抽各少许
水淀粉、食用油各适量

做法

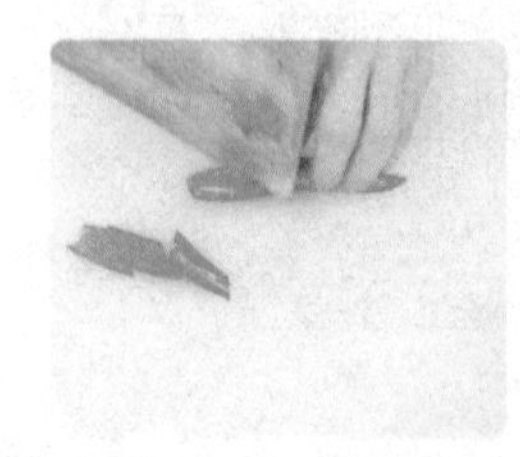

❶洗净的红椒切开去籽，切小块。

❷洗好的大白菜去菜心，切小块。

❸锅中注水烧开，放入2克盐、食用油。

❹放入大白菜，搅匀，煮半分钟。

❺将焯煮好的食材捞出，装入盘中，待用。

❻热锅注油，烧至四五成热，放入火焙鱼，略炸一会。

❼捞出炸好的火培鱼，装入盘中。

❽锅留底油，放入姜片、葱段、蒜末、红椒，炒香。

❾放入炸好的火焙鱼，炒匀。

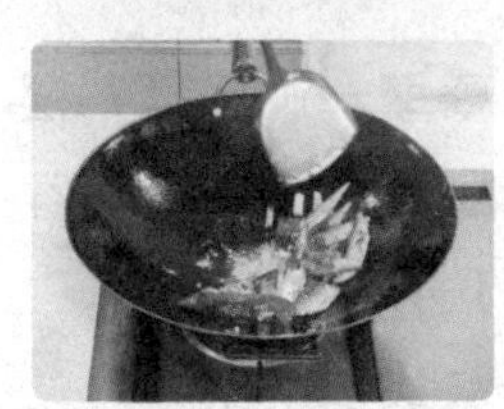

❿淋入少许料酒，炒香。

⓫加入少许生抽，炒匀。

⓬倒入焯煮好的大白菜，炒匀。

⓭加入少许清水炒匀，放入1克盐、鸡粉，搅拌均匀。

⓮让食材在锅中焖1分钟。

⓯放入适量水淀粉，翻炒均匀。

⓰盛出锅中的食材，装盘即可。

豉油蒸鲤鱼

烹饪时间 15分钟

材料 净鲤鱼300克，姜片20克，葱条15克，彩椒丝、姜丝、葱丝各少许

调料 盐3克，胡椒粉2克，蒸鱼豉油15毫升，食用油少许

做法

❶取一个蒸盘，摆上葱条，放入鲤鱼，放上姜片。

❷均匀地撒上盐，腌渍一会儿。

❸蒸锅上火注水烧开，揭开盖，放入蒸盘中。

❹盖上盖，用大火蒸约7分钟，至食材熟透。

❺揭开盖，取出蒸好的鲤鱼。

❻拣出姜片、葱条，撒上少许姜丝、彩椒丝、葱丝。

❼撒上胡椒粉，浇上少许热油。

❽再淋入蒸鱼豉油即可。

剁椒蒸鲤鱼

烹饪时间
16分钟

材料 鲤鱼500克，剁椒60克，姜片、葱花各少许

调料 鸡粉3克，生抽、生粉各少许，芝麻油、食用油各适量

做法

❶在处理干净的鲤鱼表面打上一字花刀，装盘。

❷碗中放入剁椒、鸡粉、生抽、生粉、芝麻油拌匀。

❸淋入适量食用油拌匀。

❹把拌好的剁椒淋在鲤鱼身上，放上少许姜片。

❺将鲤鱼放入烧开的蒸锅中，用大火蒸8分钟至熟。

❻揭盖，取出鲤鱼，撒上少许葱花，浇上热油即可。

豉汁蒸白鳝片

烹饪时间 26分钟

材料 白鳝鱼200克
红椒10克
豆豉12克
姜片、蒜末、葱花各少许

调料 盐3克
鸡粉2克
白糖3克
蚝油5克
生粉8克
料酒4毫升
生抽5毫升
食用油适量

做法

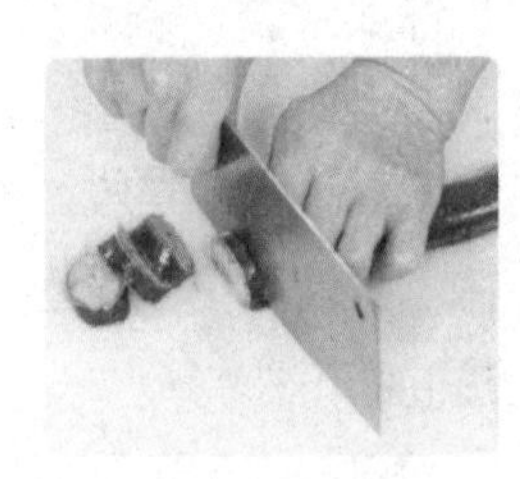

❶处理干净的白鳝鱼切成小块。

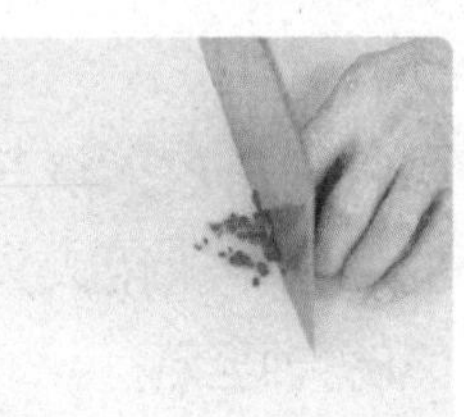

❷红椒洗净切成丁。

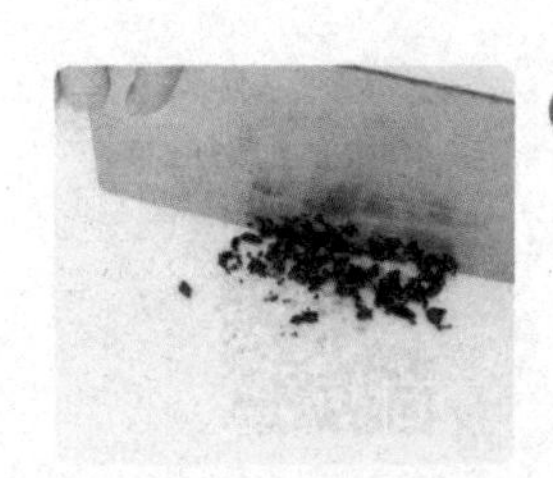
③豆豉剁成细末。

④把鳝鱼片装在碗中，倒入红椒。

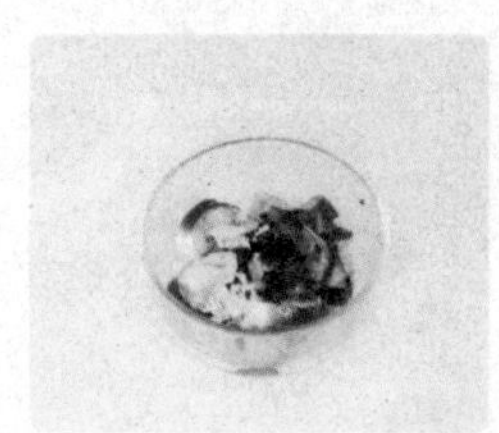
⑤放入豆豉，撒上姜片、蒜末。

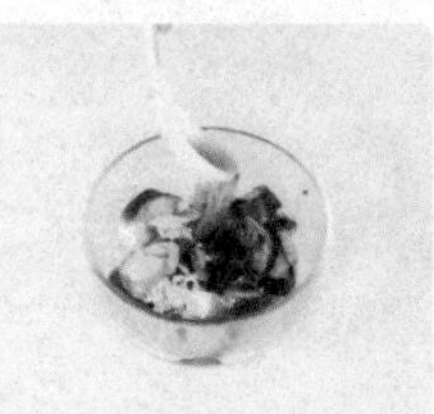
⑥淋入适量生抽、料酒。

⑦加入蚝油、鸡粉、盐、白糖。

⑧搅匀，撒上生粉，拌匀上浆。

⑨注入适量食用油，腌渍约15分钟至食材入味。

⑩取一个干净的蒸盘，放入腌渍好的鳝鱼片，摆放好。

⑪蒸锅中注入清水烧开，放入蒸盘。

⑫盖上盖，用大火蒸约8分钟至食材熟透、入味。

⑬关火后，揭盖，取出蒸好的食材。

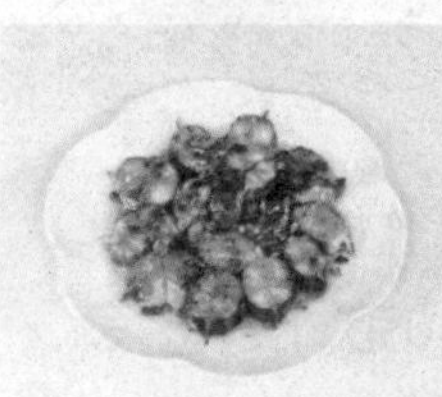
⑭撒上少许葱花，浇上热油即成。

竹笋炒鳝段

烹饪时间
15分钟

材料 鳝鱼肉130克，竹笋150克，青椒、红椒各30克，姜片、蒜末、葱段各少许

调料 盐3克，鸡粉2克，料酒5毫升，水淀粉、食用油各适量

做法

❶将所有食材洗净，鳝鱼肉、竹笋切片，青椒、红椒切小块。

❷把鳝鱼片装入碗中，加入1克盐、1克鸡粉，淋入适量料酒拌匀。

❸倒入水淀粉拌匀上浆，腌渍约10分钟至其入味。

❹锅中注入清水烧开，加入1克盐。

❺倒入竹笋片搅匀，煮约1分钟至食材断生，捞出沥干，待用。

❻把腌渍好的鳝鱼片倒入沸水锅中搅匀，汆煮片刻。

❼捞出汆好的鳝鱼片，沥干待用。

❽用油起锅，放少许姜片、蒜末、葱段，用大火爆香。

❾倒入切好的青椒、红椒炒匀，放入焯好的竹笋片、鳝鱼片。

❿淋入料酒炒匀提味，加入1克鸡粉、1克盐炒匀调味。

⓫倒入水淀粉，炒匀至食材熟透。

⓬关火后，盛出炒好的材料，装在盘中即成。

响油鳝丝

烹饪时间
14分钟

材料 鳝鱼肉300克
红椒丝、姜丝、
葱花各少许

调料 盐3克
白糖2克
胡椒粉、鸡粉
各少许
蚝油8克
生抽7毫升
料酒10毫升
陈醋15毫升
生粉、食用油
各适量

做法

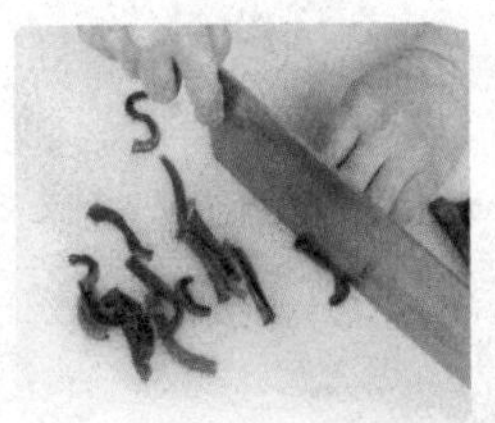

❶将处理干净的鳝鱼肉切段，改切成细丝。

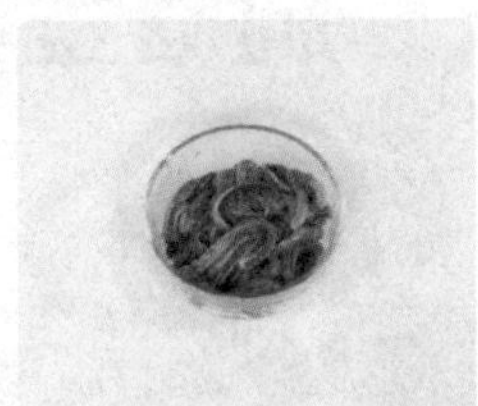

❷把鳝鱼丝装入碗中，放入1克盐、鸡粉、料酒，拌匀，去除腥味。

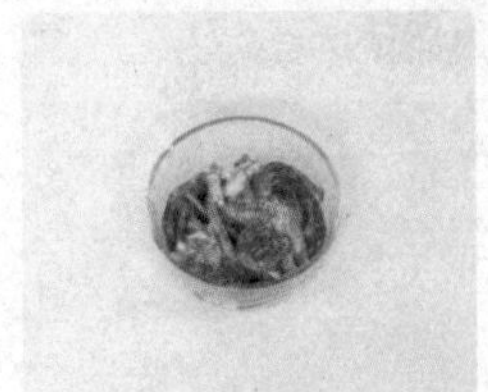

❸撒上适量生粉，拌匀上浆，腌渍约10分钟至其入味。

❹锅中注水烧开，倒入腌好的鳝鱼丝搅匀。

❺汆煮一会儿，去除血渍，捞出材料沥干。

❻热锅注油，烧至四成热，倒入汆过水的鳝鱼丝，搅散、拌匀。

❼滑油约半分钟至鳝鱼丝五六成熟，捞出，沥干油分，待用。

❽锅留底油，烧热，撒上少许姜丝爆香。

❾倒入滑过油的鳝鱼丝，淋入少许料酒，炒匀提味。

❿转小火，放入生抽、蚝油，加入2克盐、白糖，炒匀。

⓫淋上陈醋，中火快炒至食材熟软、入味。关火后，盛入盘中。

⓬点缀上葱花和红椒丝，撒上少许胡椒粉，用热油收尾即成。

洞庭金龟

烹饪时间
135分钟

材料 乌龟块700克
五花肉块200克
姜片60克
水发香菇50克
葱条40克
香菜25克
干辣椒、桂皮、八角各少许

调料 盐3克
鸡粉、胡椒粉各少许
生抽10毫升
料酒40毫升
食用油适量

做法

❶香菇洗净切小块。

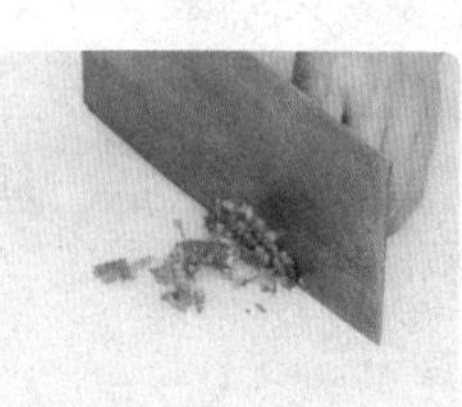

❷香菜洗净切末。

❸锅中注入适量清水烧开，倒入洗净的乌龟块，淋入20毫升料酒。

❹拌匀煮沸，汆去血渍，捞出沥干。

❺用油起锅，放入五花肉块，用中火炒匀至其变色。

❻放入姜片、香菇块、葱条，炒匀。

❼转大火，倒入少许干辣椒、桂皮、八角，爆香。

❽放入汆过水的乌龟块，炒干水汽。

❾转中火，淋上20毫升料酒、生抽，炒匀提味，注入清水。

❿盖上盖子，用大火煮2分钟至汤汁沸腾。

⓫揭盖，撇去浮沫，加入盐、鸡粉调味，略煮片刻。

⓬关火，装入砂煲，再置于旺火上，盖上盖，煮沸后转小火炖2小时至熟透。

⓭关火，取下砂煲，拣去葱条。

⓮撒上少许胡椒粉，佐以香菜末食用。

生爆甲鱼

烹饪时间
20分钟

材料 甲鱼块500克
蒜苗20克
水发香菇50克
香菜10克
姜片、蒜末、葱段各少许

调料 盐2克
鸡粉2克
白糖2克
老抽1毫升
生抽4毫升
料酒7毫升
食用油、水淀粉、辣椒面各适量

做法

❶蒜苗洗净，蒜苗梗切段，蒜苗叶切长段。

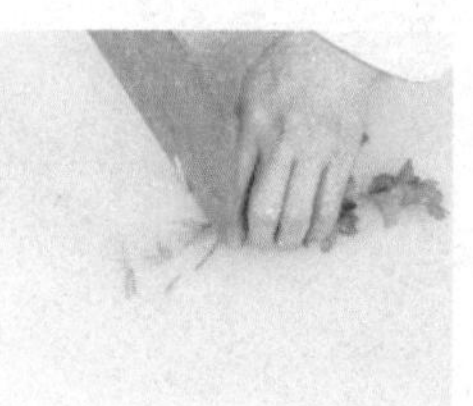

❷洗好的香菜切小段，洗净的香菇切小块。

❸锅中注水烧开，倒入甲鱼肉块。

❹淋入4毫升料酒，煮约1分钟，汆去血渍。

❺捞出汆煮好的甲鱼肉块，沥干水分，待用。

❻用油起锅，倒入少许姜片、蒜末、葱段，爆香。

❼放入香菇块炒匀。

❽倒入汆过水的甲鱼肉块，炒匀。

❾加入生抽、3毫升料酒，炒匀提味。

❿撒上适量辣椒面，炒出香辣味。

⓫注入适量清水，加入盐、鸡粉、白糖、老抽，炒匀，略煮一会儿。

⓬倒入水淀粉，炒匀，用大火收汁。

⓭放入蒜苗，炒至断生。

⓮关火后，盛盘，点缀上香菜即可。

口味螺肉

烹饪时间
13分钟

材料 田螺肉300克
紫苏叶40克
干辣椒、八角、桂皮、姜片、蒜末、葱段各少许

调料 盐3克
鸡粉3克
生抽、料酒、豆瓣酱、辣椒酱、辣椒粉、水淀粉、食用油各适量

做法

❶将洗净的紫苏叶切碎。

❷锅中注水烧开，放入洗净的田螺肉。

❸加入适量料酒，拌匀，煮沸，汆去杂质。

❹捞出汆煮好的田螺肉，装入盘中，待用。

❺用油起锅，放入少许葱段、姜片、蒜末、干辣椒、八角、桂皮，炒香。

❻放紫苏叶炒香。

❼倒入汆过水的田螺肉，炒匀。

❽放入适量豆瓣酱、生抽、辣椒酱，炒香。

❾淋入少许料酒，炒香。

❿加入少许清水，放入盐、鸡粉炒匀调味。

⓫放辣椒粉炒匀。

⓬加入适量水淀粉，炒匀，关火后盛入盘中即可。

大头菜草鱼

烹饪时间 13分钟

材料 草鱼肉260克，大头菜100克，姜丝、葱花各少许

调料 盐2克，生抽3毫升，料酒4毫升，水淀粉、食用油各适量

做法

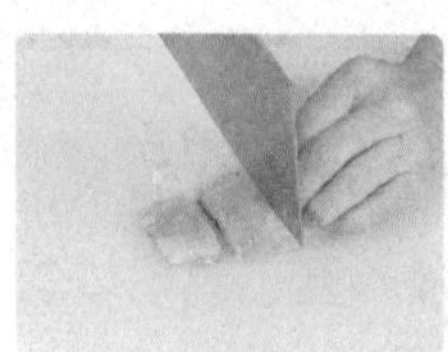

❶大头菜洗净切片，再用斜刀切菱形块；鱼肉洗净切长方块。

❷煎锅置火上，淋入食用油烧热，撒上姜丝，爆香。

❸放入鱼块，小火煎香，煎至两面断生，放入大头菜，炒匀，淋入料酒。

❹注水，加入盐、生抽，中火煮约3分钟至熟透，倒入水淀粉。

❺炒至汤汁收浓，盛出，装入盘中，撒上葱花即可。

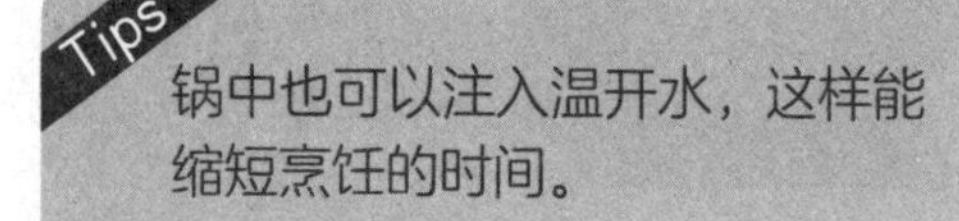

Tips

锅中也可以注入温开水，这样能缩短烹饪的时间。

青椒兜鱼柳

烹饪时间 20分钟

材料 鱼柳150克，青椒70克，红椒5克

调料 盐2克，鸡粉3克，水淀粉、胡椒粉、料酒、食用油各适量

做法

❶洗净的青椒、红椒横刀切开，去籽，切成小块；洗净的鱼柳切成块。

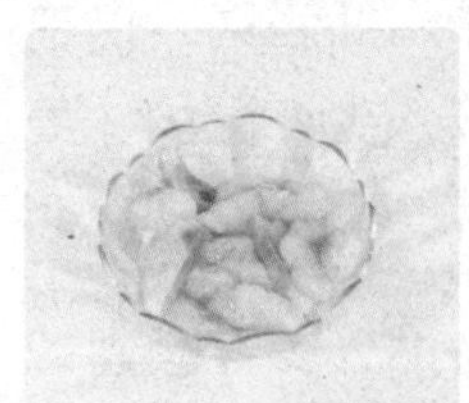

❷将鱼柳放入碗中，淋入料酒、鸡粉和水淀粉，拌匀，腌渍15分钟。

❸用油起锅，炒香青椒、红椒，倒入鱼柳，翻炒3分钟至熟。

❹加盐、胡椒粉、水淀粉，翻炒约1分钟至入味，盛出装盘即可。

剁椒牛蛙

烹饪时间 13分钟

材料 牛蛙250克，黄瓜120克，红椒40克，剁椒适量，姜片、蒜末、葱段各少许

调料 盐3克，鸡粉3克，料酒、生抽各少许，水淀粉、食用油各适量

做法

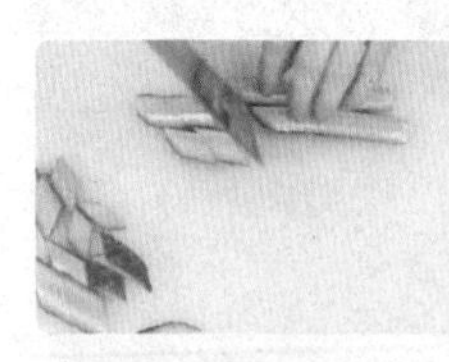

❶黄瓜洗净去瓤，切段；红椒洗净去蒂，去籽，切小块。

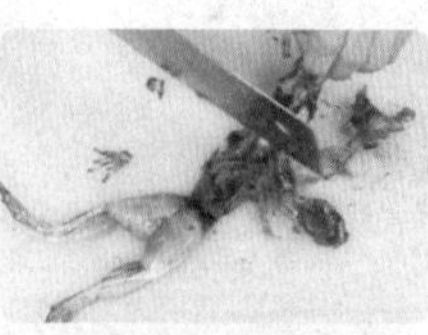

❷将处理好的牛蛙去头部、爪部，再切块，放入盘中。

❸锅中注水烧开，放入牛蛙，搅拌均匀，汆去血水。

❹将牛蛙捞出，盛入盘中，备用。

❺用油起锅，锅中放入少许葱段、姜片、蒜末，爆香。

❻放入剁椒，倒入汆好的牛蛙，炒匀。

❼淋入少许料酒，炒香炒匀。

❽放入切好的黄瓜、红椒，炒匀。

❾加入盐、鸡粉、少许生抽，炒匀。

❿倒入适量水淀粉，搅拌均匀，关火后盛入盘中即可。